什么是
有机化学?

ORGANIC
CHEMISTRY:
A VERY SHORT INTRODUCTION

[英] 格雷厄姆·帕特里克　著

刘　春　高欣钦　译

大连理工大学出版社
Dalian University of Technology Press

简体中文版 © 2024 大连理工大学出版社
著作权合同登记 06–2022 年第 197 号
版权所有·侵权必究

图书在版编目（CIP）数据

什么是有机化学？ /（英）格雷厄姆·帕特里克著；刘春，高欣钦译． -- 大连：大连理工大学出版社，2024.9
书名原文：Organic Chemistry: A Very Short Introduction
ISBN 978-7-5685-4796-3

Ⅰ.①什… Ⅱ.①格… ②刘… ③高… Ⅲ.①有机化学 Ⅳ.① O62

中国国家版本馆 CIP 数据核字 (2024) 第 010599 号

什么是有机化学？ SHENME SHI YOUJI HUAXUE?

出 版 人：苏克治
策划编辑：苏克治
责任编辑：张　泓
责任校对：李舒宁
封面设计：奇景创意

出版发行：大连理工大学出版社
　　　　　（地址：大连市软件园路80号，邮编：116023）
电　　话：0411-84708842（发行）
　　　　　0411-84708943（邮购）　0411-84701466（传真）
邮　　箱：dutp@dutp.cn
网　　址：https://www.dutp.cn

印　　刷：辽宁新华印务有限公司
幅面尺寸：139mm×210mm
印　　张：7.875
字　　数：151千字
版　　次：2024年9月第1版
印　　次：2024年9月第1次印刷
书　　号：ISBN 978-7-5685-4796-3
定　　价：39.80元

本书如有印装质量问题，请与我社发行部联系更换。

出版者序

　　高考，一年一季，如期而至，举国关注，牵动万家！这里面有莘莘学子的努力拼搏，万千父母的望子成龙，授业恩师的佳音静候。怎么报考，如何选择大学和专业，是非常重要的事。如愿，学爱结合；或者，带着疑惑，步入大学继续寻找答案。

　　大学由不同的学科聚合组成，并根据各个学科研究方向的差异，汇聚不同专业的学界英才，具有教书育人、科学研究、服务社会、文化传承等职能。当然，这项探索科学、挑战未知、启迪智慧的事业也期盼无数青年人的加入，吸引着社会各界的关注。

　　在我国，高中毕业生大都通过高考、双向选择，进入大学的不同专业学习，在校园里开阔眼界，增长知识，提升能力，升华境界。而如何更好地了解大学，认识专业，明晰人生选择，是一个很现实的问题。

为此，我们在社会各界的大力支持下，延请一批由院士领衔、在知名大学工作多年的老师，与我们共同策划、组织编写了"走进大学"丛书。这些老师以科学的角度、专业的眼光、深入浅出的语言，系统化、全景式地阐释和解读了不同学科的学术内涵、专业特点，以及将来的发展方向和社会需求。

为了使"走进大学"丛书更具全球视野，我们引进了牛津大学出版社的 *Very Short Introductions* 系列的部分图书。本次引进的《什么是有机化学？》《什么是晶体学？》《什么是三角学？》《什么是对称学？》《什么是麻醉学？》《什么是兽医学？》《什么是药品？》《什么是哺乳动物？》《什么是生物多样性保护？》涵盖九个学科领域，是对"走进大学"丛书的有益补充。我们邀请相关领域的专家、学者担任译者，并邀请了国内相关领域一流专家、学者为图书撰写了序言。

牛津大学出版社的 *Very Short Introductions* 系列由该领域的知名专家撰写，致力于对特定的学科领域进行精练扼要的介绍，至今出版700余种，在全球范围内已经被译为50余种语言，获得读者的诸多好评，被誉为真正的"大家小书"。*Very Short Introductions* 系列兼具可读性和权威性，希望能够以此帮助准备进入大学的同学，帮助他们开阔全球视野，让他们满怀信心地再次起航，踏上新的、更高一级的求学之路。同时也为一向关心大学学科建设、关心高教事业发展的读者朋友搭建一个全面涉猎、深入了解的平台。

综上所述，我们把"走进大学"丛书推荐给大家。

一是即将走进大学，但在专业选择上尚存困惑的高中生朋友。如何选择大学和专业从来都是热门话题，市场上、网络上的各种论述和信息，有些碎片化，有些鸡汤式，难免流于片面，甚至带有功利色彩，真正专业的介绍尚不多见。本丛书的作者来自高校一线，他们给出的专业画像具有权威性，可以更好地为大家服务。

二是已经进入大学学习，但对专业尚未形成系统认知的同学。大学的学习是从基础课开始，逐步转入专业基础课和专业课的。在此过程中，同学对所学专业将逐步加深认识，也可能会伴有一些疑惑甚至苦恼。目前很多大学开设了相关专业的导论课，一般需要一个学期完成，再加上面临的学业规划，例如考研、转专业、辅修某个专业等，都需要对相关专业既有宏观了解又有微观检视。本丛书便于系统地识读专业，有助于针对性更强地规划学习目标。

三是关心大学学科建设、专业发展的读者。他们也许是大学生朋友的亲朋好友，也许是由于某种原因错过心仪大学或者喜爱专业的中老年人。本丛书文风简朴，语言通俗，必将是大家系统了解大学各专业的一个好的选择。

坚持正确的出版导向，多出好的作品，尊重、引导和帮助读者是出版者义不容辞的责任。大连理工大学出版社在做好相关出版服务的基础上，努力拉近高校学者与读者间的距离，尤其在服务一流大学建设的征程中，我们深刻地认识到，大学出版社一定要组织优秀的作者队伍，用心打造培根铸魂、启智增慧的精品出版物，倾尽心力，服务青年学子，服务社会。

"走进大学"丛书是一次大胆的尝试，也是一个有意义的起点。我们将不断努力，砥砺前行，为美好的明天真挚地付出。希望得到读者朋友的理解和支持。

谢谢大家!

苏克治

2024年8月6日

译者序

世界上首次人工合成尿素的德国化学家弗里德里希·维勒（Friedrich Wohler）将有机化学形容为"一片充满了神奇事物的热带原始森林，一片狰狞的、无边无际的、使人没法逃得出来的丛莽，让常人害怕走进去"。他最终在"原始森林"面前退缩了，放弃了有机化学的研究。

但这并没有使所有人退却。近两百年来，无数的无畏者勇敢地闯进这片"原始森林"，为有机化学的发展开辟了一条崭新的道路。自从有机化学成为一门学科以来，人们逐步认识了分子的结构和性能之间的关系，合成各种各样有用的化工产品。人们今天的生活，包括衣食住行，几乎都离不开有机化学了。

由牛津大学出版社出版的，格雷厄姆·帕特里克（Graham Patrick）教授编写的《什么是有机化学？》一书包括绪论，基础知识，有机化合物的合成及分析，生命化学，药物和药物化学，农药，感官化学，聚合物、塑料和纺织品，纳米化学等九部分内容，全面概括了有机化学的起源、基本理论及发展过程，文字简约易懂，内容由浅入深。大连理工大学出版社组织专家将此书翻译出版，对读者学习和理解有机化学，颇有益处。

是以为序！

刘春　高欣钦

2024 年 6 月

目　录

绪　论

　　有机化学是化学的一个分支，它研究的是含碳化合物的结构、性质与合成。与之相反，无机化学研究的则是元素周期表（图0-1）中的其他元素。

　　这便引出一个问题，为什么作为化学的三个主要领域之一的有机化学与含碳化合物有关呢？原因之一是含碳化合物对生命的化学构成至关重要。事实上，"有机化学"一词最初是在18世纪由瑞典化学家托尔伯恩·伯格曼（Torbern Bergman）提出的，用来定义从生物体中提取的化合物的化学成分。当时的科学家认为，生命中的化学物质（biochemicals，生物化学品）不同于实验室中生产出来的化学物质，因为前者有一种只有生命才能赋予的特殊性。

　　公平地讲，这种观点是有一定道理的。当时已识别出的生物化学品都是很艰难地从生命系统中分离出来的，而且比

族	1	2	3	4	5	6	7	8	9	10	11	12	13	14	15	16	17	18
周期	s-区						d-区								p-区			
1	1 H 1.008																	2 He 4.0026
2	3 Li 6.94	4 Be 9.0122											5 B 10.81	6 C 12.011	7 N 14.007	8 O 15.999	9 F 18.998	10 Ne 20.180
3	11 Na 22.990	12 Mg 24.305											13 Al 26.982	14 Si 28.085	15 P 30.974	16 S 32.065	17 Cl 35.45	18 Ar 39.948
4	19 K 39.098	20 Ca 40.078	21 Sc 44.956	22 Ti 47.867	23 V 50.942	24 Cr 51.996	25 Mn 54.938	26 Fe 55.845	27 Co 58.933	28 Ni 58.693	29 Cu 63.546	30 Zn 65.38	31 Ga 69.723	32 Ge 72.63	33 As 74.922	34 Se 78.971	35 Br 79.904	36 Kr 83.798
5	37 Rb 85.468	38 Sr 87.62	39 Y 88.906	40 Zr 91.224	41 Nb 92.906	42 Mo 95.95	43 Tc (98)	44 Ru 101.07	45 Rh 102.91	46 Pd 106.42	47 Ag 107.87	48 Cd 112.41	49 In 114.82	50 Sn 118.71	51 Sb 121.76	52 Te 127.60	53 I 126.90	54 Xe 131.29
6	55 Cs 132.91	56 Ba 137.33	57 La 138.91	72 Hf 178.49	73 Ta 180.95	74 W 183.84	75 Re 186.21	76 Os 190.23	77 Ir 192.22	78 Pt 195.08	79 Au 196.97	80 Hg 200.59	81 Tl 204.38	82 Pb 207.2	83 Bi 208.98	84 Po (209)	85 At (210)	86 Rn (222)
7	87 Fr (223)	88 Ra (226)	89 Ac (227)	104 Rf (263)	105 Db (268)	106 Sg (271)	107 Bh (267)	108 Hs (280)	109 Mt (278)	110 Ds (281)	111 Rg (281)	112 Cn (285)	113 Nh	114 Fl (289)	115 Mc (289)	116 Lv (293)	117 TS (210)	118 Og (293)

f-区

	58 Ce 140.12	59 Pr 140.91	60 Nd 144.24	61 Pm (145)	62 Sm 150.36	63 Eu 151.96	64 Gd 157.25	65 Tb 158.93	66 Dy 162.50	67 Ho 164.93	68 Er 167.26	69 Tm 168.93	70 Yb 173.05	71 Lu 174.97
镧系元素 6														
锕系元素 7	90 Th 232.04	91 Pa 231.04	92 U 238.03	93 Np (237)	94 Pu (244)	95 Am (243)	96 Cm (247)	97 Bk (247)	98 Cf (251)	99 Es (252)	100 Fm (257)	101 Md (258)	102 No (259)	103 Lr (262)

图0-1　元素周期表

从矿物质中分离出来的无机物更容易分解。因此得出结论，有机化合物含有一种只能来自生物体的"生命力"，并顺理成章地推断生物化学品是不能在实验室中合成的。然而，不久之后，这个生命力学说就受到了挑战。尿素是一种从尿液中分离出来的晶体化合物。根据生命力学说，它应该是生命系统所特有的。但在1828年，人们发现可以通过加热一种名为氰酸铵的无机盐来合成尿素（图0-2）。

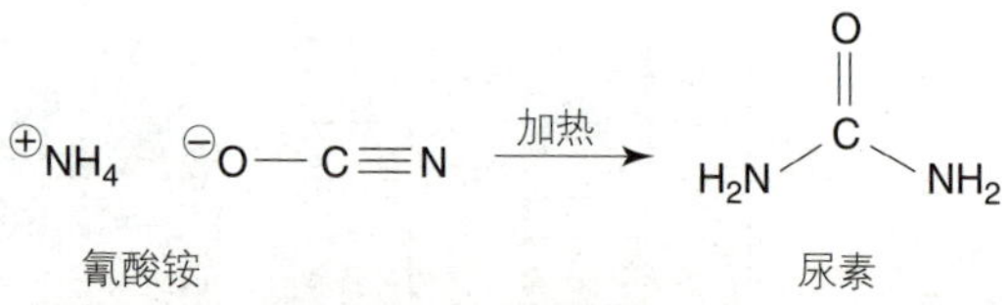

图0-2　尿素的合成

从那时起，有机化学就被定义为含碳化合物的化学，无论这些化合物是否来源于生命系统。然而，含碳化合物的化学性质与生命的化学性质非常相近，"碳基生命形式"一词也反映了这一事实。第三章将详细阐述有机化学对生命系统的重要性，这一科学分支就是现在的生物化学。

有机化学可以作为一个专业领域的另一个原因，就是含碳有机化合物可以被大量地合成——其数量远超其他元素。事实上，通过计算，可以被合成的中等大小的不同有机分子多达 10^{63} 个。这是一个巨大的数字，巨大到宇宙中没有足够的碳来实现。还要注意的是，这个数字只是含少于 30 个碳原子的中型分子，不含聚合物。实际上，人们合成了无数新化合物，其中绝大多数从未在地球上存在过。到 2017 年，世界各地的有机化学实验室合成出约 1 600 万种化合物，几乎每天都有新的化合物被合成出来。但这也只是可以被合成的化合物结构数量中很小的一部分，还有很大的发展空间。这一事实激励着有机化学家寻找应用于医药、农业、消费品、材料科学方面的具有新用途的新分子。

一百多年来，有机化学家为人们在分子水平上理解生命做出了巨大贡献，并研究出了意义重大的新化合物。这些研究成果可以从人们穿的衣服、住的房子和吃的食物中找到。这些依赖于有机化学的商品包括塑料、合成织物、香水、色素、甜味剂、合成橡胶和人们日常使用的许多其他物品。有机化学家研发出杀虫剂、除草剂和杀菌剂，使农民能够为不断增加的世界人口生产足够的食物；也研发出很多治疗疾病和有助于延长寿命的药物。

优点明显，缺点也不少。如果在使用新化合物时没有尽到应有的注意和责任，新化合物就可能会产生影响健康和环境的问题。不幸的是，这些问题可能会导致人们对新技术和化学物质的不信任而产生"化学恐惧症"。一些人认为"化学"一词通常用来指那些化学工业合成的有毒或有污染性的化合物。其实"化学"一词是一个通用术语，它涵盖了天然化合物和合成化合物。还有一种错误的观点认为，合成化合物本身就是危险的，而天然化合物要安全得多。事实并非如此，实际上目前已知的最致命的毒素多来自大自然，而许多合成化合物则是极其安全的。人们也没有完全认识到，在实验室中合成的化合物与从自然资源中提取的同一化合物没有什么不同。

许多为使社会受益而引入的新型化合物已经产生了一些问题，但这并不意味着社会应该背弃人们所依赖的所有药物、杀虫剂、食品添加剂和聚合物。相反，化学家面临的挑战应该是设计出性能更好的化合物。有机化学家的责任在于从过去的错误中吸取教训，并继续为造福于所有人的发现而努力。这本书阐述了有机化学研究带来的巨大价值，以及过去在创新中产生的一些问题，同时也展示了如今的研究人员是如何寻找更安全、更有效的新一代化合物的。

第一章
基础知识

碳：元素界的"社交名流"

绪论提到了含碳化合物的数量巨大，以至于可能无法完全实现。这些数量巨大的分子结构被赋予了一个不寻常的术语——化学空间。从某种意义上讲，探索宇宙以及探索合成新的有机化合物之间存在着某种相似，这两种情况都要完成几乎无穷无尽的任务，但哪一个才是令人兴奋的挑战呢？本章将研究为什么是碳元素，而不是任何其他元素，适合产生如此多的不同化合物。

碳的原子序数为6，这意味着它的原子核中有六个质子。对于一个电中性的碳原子来讲，在原子核的周围还有六个电子（图1-1）。

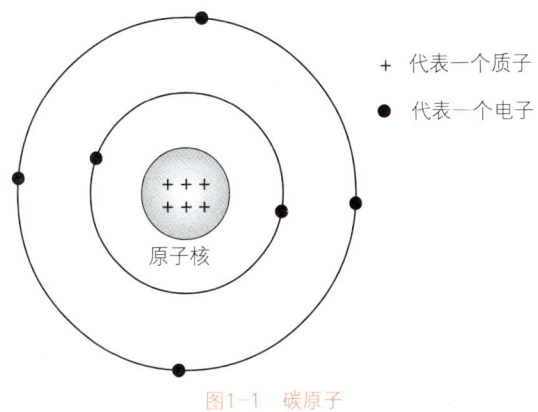

+　代表一个质子

●　代表一个电子

原子核

图1-1　碳原子

这些电子占据了原子核周围两个不同的壳层（或轨道）。第一个壳层（内壳）包含两个电子，这是它所能容纳的最大电子数量，而第二个壳层（外壳）包含剩余的四个电子。外壳中的电子被称为价电子，这些价电子决定了原子的化学性质。与内壳中的两个电子相比，价电子很容易"靠近"。内壳电子离原子核近并被外壳中的电子所屏蔽。

碳处于元素周期表的中间位置，这具有重要意义。元素周期表左侧的元素可以失去其价电子，形成正离子。例如，锂可以失去它唯一的价电子形成锂正离子（Li^+），镁可以失去它的两个价电子形成镁正离子（Mg^{2+}），而铝可以失去它的三个价电子形成铝正离子（Al^{3+}）。元素周期表右侧的元素可以获得电子形成带负电荷的离子。例如，氟可以获得一个价电子形成氟负离子（F^-），氧可以获得两个价电子形成氧负离子（O^{2-}）。元素形成离子的动力是完整的电子外壳所带来的稳定性。例如，一个氟离子的外壳中有完整的八个电子。同样，当锂失去它的单个价电子形成锂离子时，它就留下了一个完整的内层电子。

离子形成对于元素周期表左侧或右侧的元素来说是可行的，但对于元素周期表中间的元素则不然。碳要想获得一个完整的电子外壳，就必须失去或获得四个价电子，但这需要大量能量。因此，碳通过另一种方法实现了一个稳定的、完整的电子外壳，即与其他元素共享电子形成化学键。碳在这方面表现出色，被认为是元素界的"社交名流"。碳原子不再以原子或离子的形式单独存在，而是与其他原子形成化学键，其形成的原子网络被称为分子。这些原子通过共价键连接在一起，每个键包含两个原子之间共享的两个电子。

最简单的有机分子之一是甲烷（图1-2），一个碳原子与四个氢原子共享它的四个价电子。同样，每个氢原子与碳原子共享它的单个价电子。每个键由两个电子组成——每个电子都来自成键的原子。通过共价电子，分子中的每个原子都有一个完整的外层电子外壳。与离子不同，分子不带电荷。

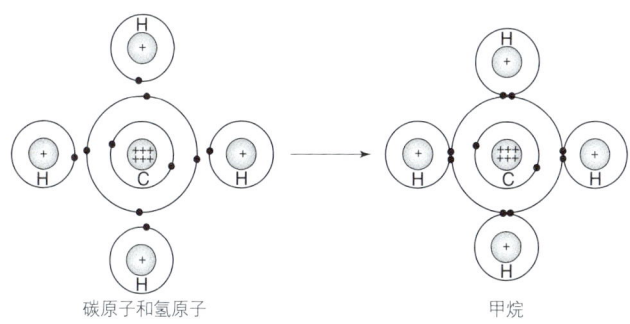

碳原子和氢原子　　　　　　　　　　甲烷

图1-2 碳原子和氢原子结合成甲烷

两个碳原子之间也可以形成一个共价键。例如，乙烷（图1-3）在两个碳原子之间有一个共价键，在碳原子和氢原子之间有六个共价键。

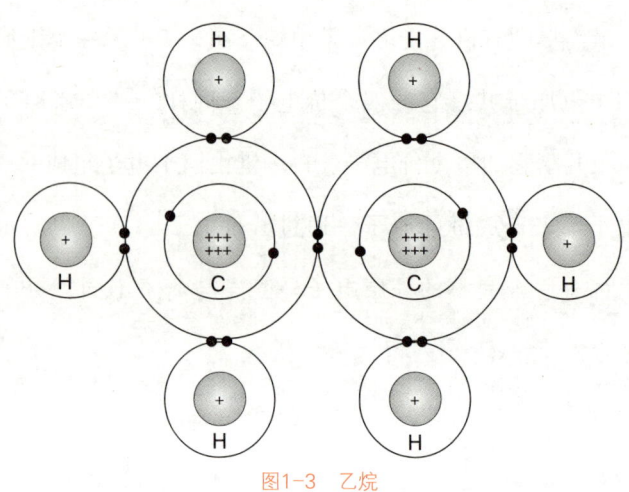

图1-3 乙烷

　　碳也有与其他碳原子形成共价键的能力，这是有机分子数量繁多的主要原因之一。碳原子可以一种近乎无限的方式连接在一起，形成各种令人惊叹的碳链。这些链包括直链、支链、环以及三者的组合。然而，这种多样性并不止于此，碳可与大量的其他元素形成共价键。碳可与氢成键，也可与其他原子成键，如氮、磷、氧、硫、氟、氯、溴和碘等。因此，有机分子包含各种不同的元素。碳还可与多种原子形成双键或三键。最常见的双键形成于碳和氧、碳和氮或两个碳原子之间，如甲醛[福尔马林，图1-4（a）]。最常见的三键是在碳和氮或两个碳原子之间，如乙炔[图1-4（b）]。

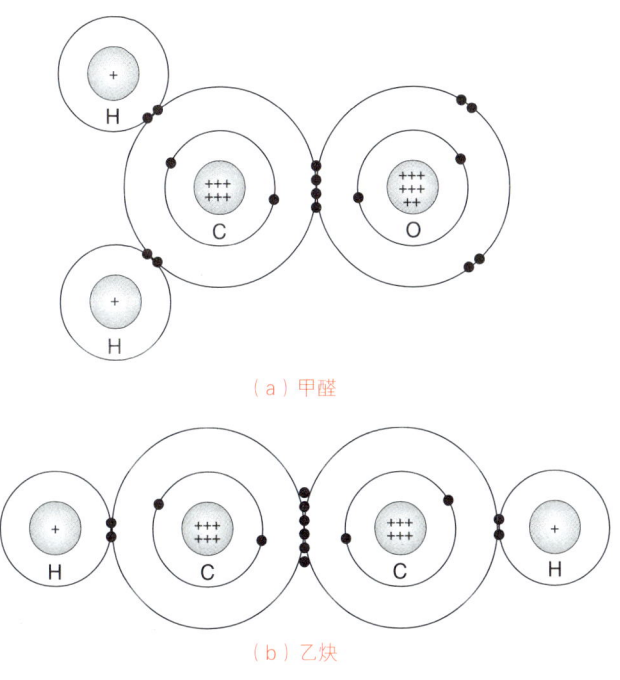

（a）甲醛

（b）乙炔

图1-4　甲醛和乙炔

命名及结构识别

每一种有机化合物都有一个特定的名称，可以用由国际纯粹与应用化学联合会（IUPAC）确定的命名规则准确地定义其结构。化合物结构越复杂，名称就越复杂。例如，IUPAC对一种知名的类固醇激素的命名是

（8*R*,9*S*,13*S*,14*S*,17*S*）-13-甲基-6,7,8,9,11,12,14,15,16,17-十氢环戊酮[a]菲-3,17-二醇。这个名称相当拗口，所以通常用更简便的名称指代那些众所周知的有复杂IUPAC名称的化合物。例如，上述具有较长IUPAC名称的类固醇激素被称为雌二醇。许多重要的生物学化合物通常使用它们的常用名，例如，吗啡、血红蛋白和肾上腺素。

有机化学家对分子结构特别感兴趣。就像建筑师对建筑结构感兴趣并使用详图来可视化建筑一样，化学家感兴趣的是分子构成以及原子是如何连接在一起的。因此，对于一个化学家来说，分子的结构表征往往比它的名字更重要。

图1-1～图1-4展示了一种绘制结构的方法，但是绘制这样的图需要很长时间。更简单的方法是用一条短线表示一个键，用元素符号表示原子。例如，甲烷、乙烷和雌二醇的结构表示如图1-5所示。

这些简化的图显示了所有存在的原子以及它们的连接方式。然而，这种方法用于诸如雌二醇等复杂分子时显得很笨拙。一种更简单快速的方法是省略碳原子、氢原子及键。这

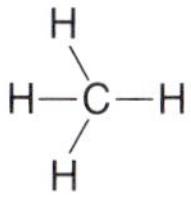

图1-5 甲烷、乙烷和雌二醇的结构表示

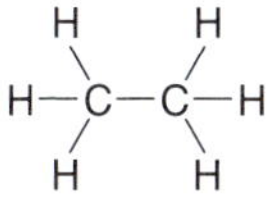

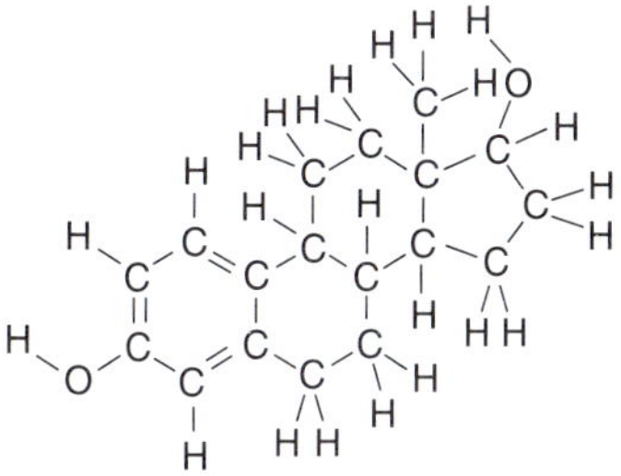

种方法不能用于甲烷，因为甲烷最终会表示为一个点，但它可以用于乙烷和雌二醇（图1-6）。在这样的结构中，一个碳原子被理解为出现在每条线以及每个角落的末端。这个规则的例外是，当结构中存在其他元素时，例如，雌二醇中的两个羟基（—OH）基团，就需要标明。每个碳原子上的氢原子数量可以通过每个碳原子必须有四个键来计算。如果键少于四个，就用氢原子补足，可以通过比较图1-5和图1-6中乙烷和雌二醇的结构来具体理解。

用这种方式表示分子结构有几个优点。第一，它们很快就能被画出来。第二，分子骨架更容易被识别。举个例子，因为叶子的存在，夏天树的"骨架"很难被辨认出来；但在冬天，叶子落下的时候就很容易辨认。就分子而言，氢原子就像树的叶子。用这种方式绘制分子的第三个优点是很容易识别官能团（本章后面将讨论）。

（a）乙烷

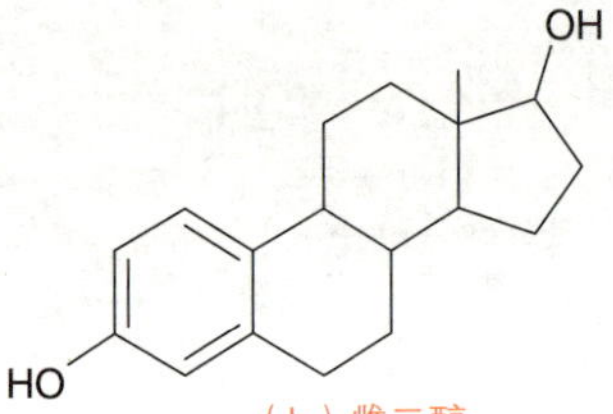

（b）雌二醇

图1-6　乙烷和雌二醇的标准结构图

立体化学

分子是具有特殊形状的三维物体。一个分子中的碳原子可以被描述为四面体、三角形或两角的。但这可能有点误导性，因为它并不是碳原子本身的形状，而是碳原子周围化学键的排列形状。因此，甲烷有一个中心碳原子，它的四个键指向四面体的四个角。当绘制甲烷时，实线表示纸面上键的方向，实楔形键代表了在纸面前指向读者的键。虚楔形键代表了纸面后背向读者的键。一般来说，有四个单键的碳原子被称为四面体碳，其键角为109°。（图1-7）

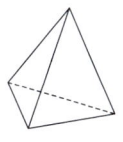
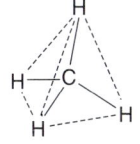
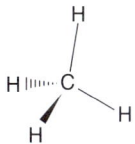

（a）四面体　　　（b）甲烷的四面体形状　　　（c）甲烷的楔形键结构

图1-7　甲烷的四面体形状和楔形键结构

当一个碳原子是双键的一部分时，它被称为三角键，它周围的键和它在同一平面上。例如，乙烯中的两个碳原子都是平面三角形的，整个分子呈平面形状。此时，键角为120°，比四面体碳的键角大。参与三键的碳原子被称为两角碳原子，键角为180°，所以乙炔是线性的。（图1-8）

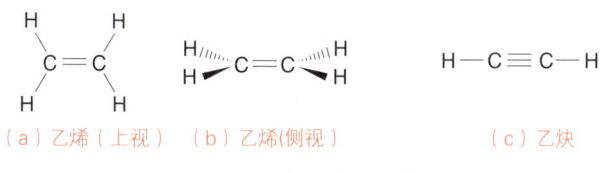

（a）乙烯（上视）　　（b）乙烯（侧视）　　　　　（c）乙炔

图1-8　乙烯和乙炔的形状

乙烯中的双键是刚性的，不能旋转。如果双键的两端都有取代基，则会对立体化学产生重要影响。例如，2-丁烯可能有两种不同的结构（图1-9），称为顺式异构体和反式异构体。在顺式异构体中，两个甲基在双键的同一侧；而在反式异构体中，它们处于双键的不同侧。这两种异构体因具有刚性双键而不能相互转化，是两种具有不同化学和物理性质的化合物。

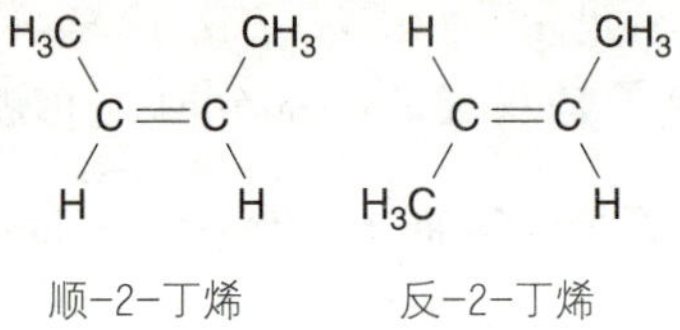

顺-2-丁烯　　　反-2-丁烯

图1-9　2-丁烯的顺式异构体和反式异构体

　　碳原子可以连接在一起形成独特的环状有机分子。例如，苯和环己烷都是六元环（图1-10）。环己烷的碳框架是由六个单键组成的，而苯的碳框架似乎是由单键和双键交替组成的。在图1-10（a）中，这两个环的轮廓看起来完全相同。但如果从侧面看，如图1-10（b）所示，苯环是平面的，环己烷环则被皱缩成"椅形"。这是由于碳原子的键角不同，环己烷中的碳原子键角与甲烷中的碳原子键角一样，为109°。而苯中的碳原子键角和乙烯中的碳原子键角一样，为120°。

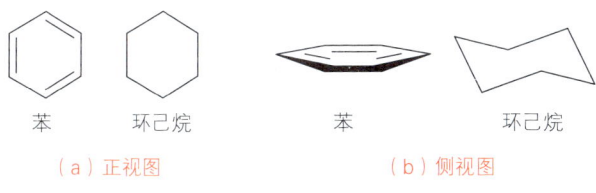

苯　　　环己烷　　　　　苯　　　　　　环己烷

（a）正视图　　　　　　　　（b）侧视图

图1-10　苯和环己烷的正视图和侧视图

　　如果显示氢原子，则两个分子之间的形状差异更为明显，如图1-11所示。在苯中，氢原子与环在同一平面上；而在环己烷中，它们指向不同的方向。这意味着环己烷的体积更大一些。

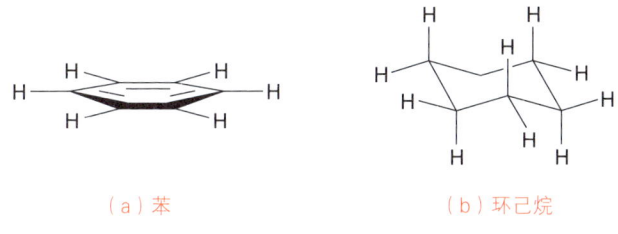

（a）苯　　　　　　　　（b）环己烷

图1-11　显示氢原子的苯和环己烷的侧视图

　　环己烷中的C—C键长度是相同的，可以预见它们都是C—C单键。奇怪的是，苯中的C—C键长度也是相同的。如果苯环由单键和双键交替组成，就不会这样了，因为已知双键比单键短。这表明苯的结构实际上要比书中画得更为复杂。事实上，这些双键的六个电子在整个环上是共享的——这一过程被称为离域，离域使苯环的稳定性比含有三个不同双键的分子更好。含电子离域的苯有时用中间有一个圆圈的苯环来表示（图1-12），表明六个电子在环的周围是迁移循环后均匀分布的。

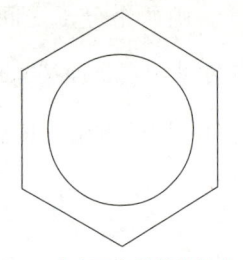

图1-12　含电子离域的苯的表示法

　　苯环的稳定性意味着它存在于许多天然产物中，而且只要它存在，就代表分子具有一个平面区域。两个不同视角的雌二醇的三维结构如图 1-13 所示。很明显，含有苯环的分子区域是平面的，而分子的其余部分的体积则要大得多。平面区域在雌二醇的生物活性中起着至关重要的作用。雌二醇必须与体内的一种蛋白质结合才能发挥其激素活性。这是因为苯环适合蛋白质中的窄槽，而对于体积较大的环来说，则不适合。

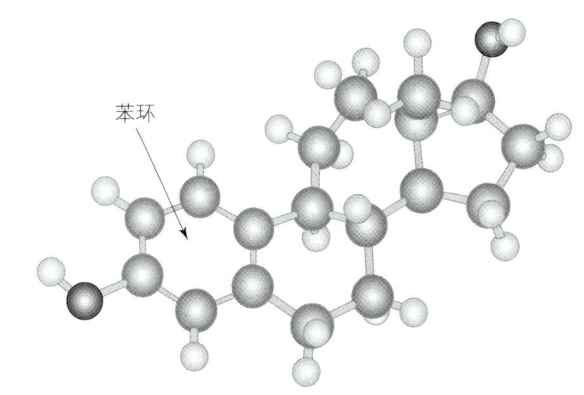

苯环

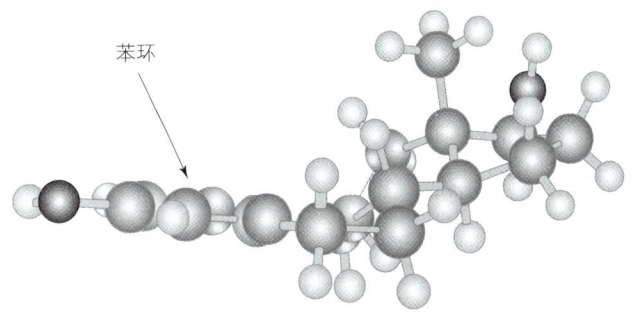

苯环

图1-13　两个不同视角的雌二醇三维结构

　　楔形键通常被用来表示一个分子的三维结构。它们在定义一些可能存在歧义的键的方向时很重要。例如，雌二醇的结构通常如图1-14所示。楔形键定义了手性中心的关键位置。

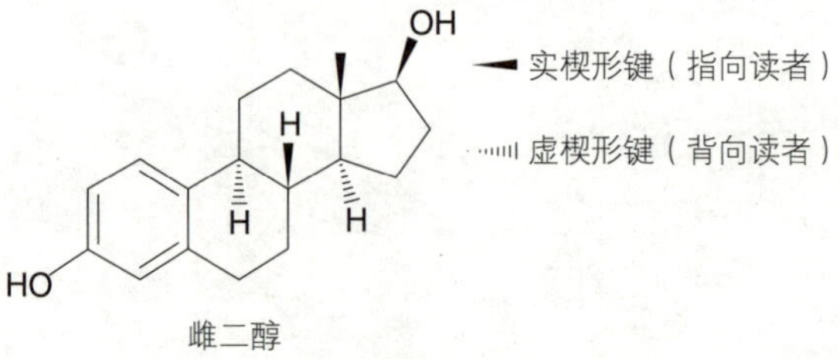

图1-14　包含楔形键的雌二醇结构

手性碳中心是一个四面体碳原子，四个单键连接四个不同的取代基。例如，如图1-15所示，用星号标示的碳原子为氨基酸中丙氨酸的手性中心。

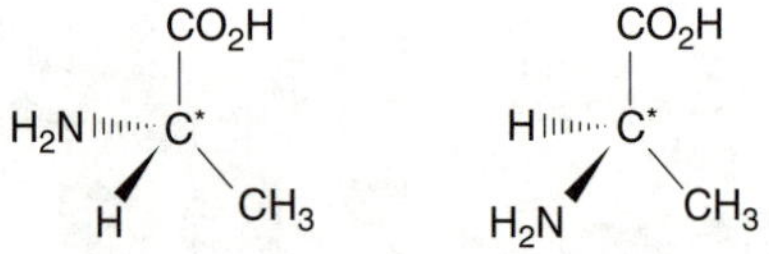

图1-15　丙氨酸的两个对映异构体

具有手性中心的分子被称为手性分子或不对称分子。换句话说，它缺乏对称性。手性分子有两种可能的结构，且这两种结构互为镜像，但无法重叠，也不能从一个结构转换为另一个，这类镜像结构被称为对映异构体。在对映异构体中，楔形键是必不可少的。在化学反应方面，两种对映异构体在与普通化学试剂的反应中表现相同。它们也具有完全相同的物理性质。

乍一看，这可能表明手性没什么影响。事实上，手性是非常重要的。一个手性分子的两种对映异构体在与其他手性分子相互作用时表现不同，这在生命化学中有重要作用。举个例子，看看你的左手和右手，它们在形状上是对称的，并且是非重叠镜像。同样地，一副手套也是非重叠镜像。左手可以紧贴左手手套，但不能紧贴右手手套。在分子世界中，也有类似的情况发生。人体内的蛋白质是手性分子，它可以区分其他分子的对映异构体。例如，酶可以区分手性化合物的两个对映异构体，催化其中一个对映异构体的反应，但却不能催化另一个。

官能团

官能团是有机化学中的一个重要概念。其本质是原子和键的独特排列。官能团有数百种不同的类型，其中一些常见的类型如图1-16所示。

官能团以特定的方式进行反应，因此根据官能团来预测

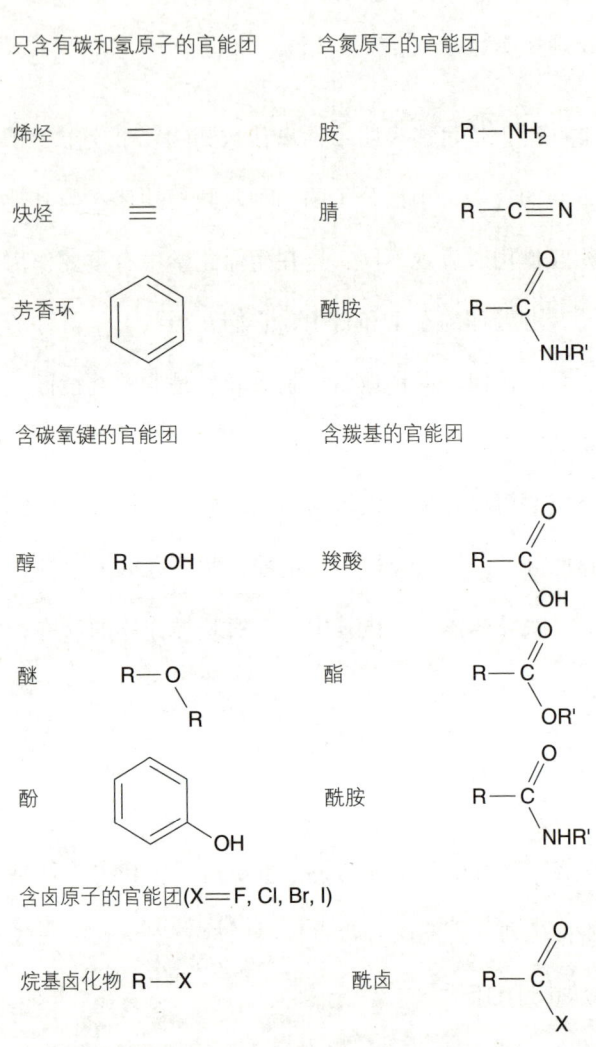

只含有碳和氢原子的官能团   含氮原子的官能团

烯烃

炔烃

芳香环

胺

腈

酰胺

含碳氧键的官能团   含羰基的官能团

醇   R—OH

醚

酚

羧酸

酯

酰胺

含卤原子的官能团(X＝F, Cl, Br, I)

烷基卤化物 R—X   酰卤

图1-16 常见官能团（R表示分子的其他部分）

分子的反应是可行的。例如，羧酸和酚都含有酸性氢，二者在碱存在时失去酸性氢，产生带负电荷的离子[图1-17（a）和（b）]。胺的官能团本质上是碱性的，可以被质子化得到一个带正电荷的离子[图1-17（c）]。

这些特性在实用有机化学中非常有用，可以在萃取过程中，将含有羧酸、酚或胺的化合物从其他类型的有机化合物中分离出来。含羧酸或酚的化合物会溶解在碱性水溶液中，而含胺的化合物会溶解在酸性水溶液中。不含这两种官能团的有机化合物通常不溶于水。

利用这些特性，可以从合成的混合物或植物提取物中分离含有羧酸、酚和胺的化合物。

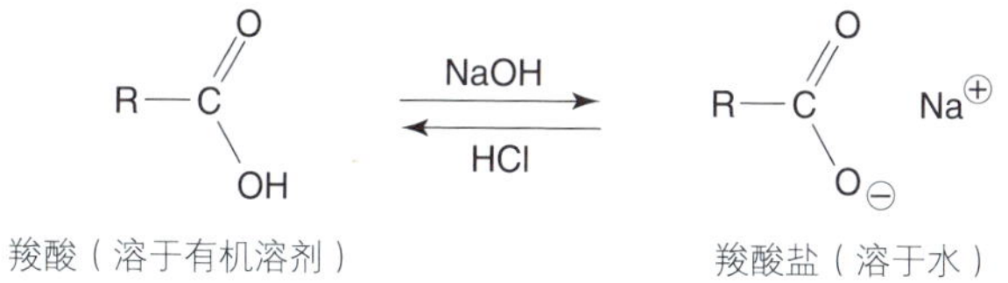

（a）羧酸

图1-17 羧酸、酚和胺的离子化

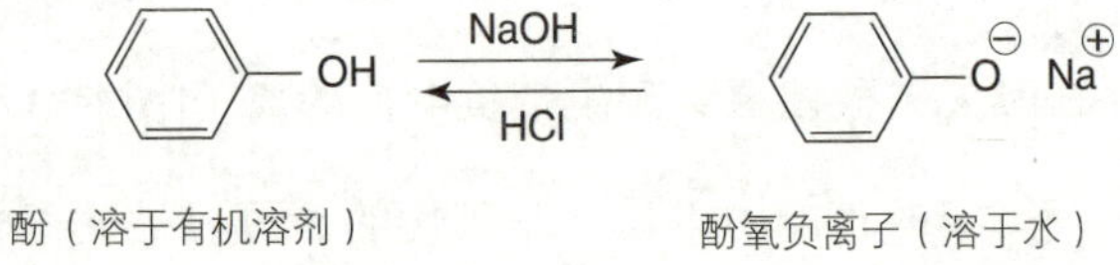
OH
NaOH
HCl
O
Na
酚（溶于有机溶剂）
酚氧负离子（溶于水）

（b）酚

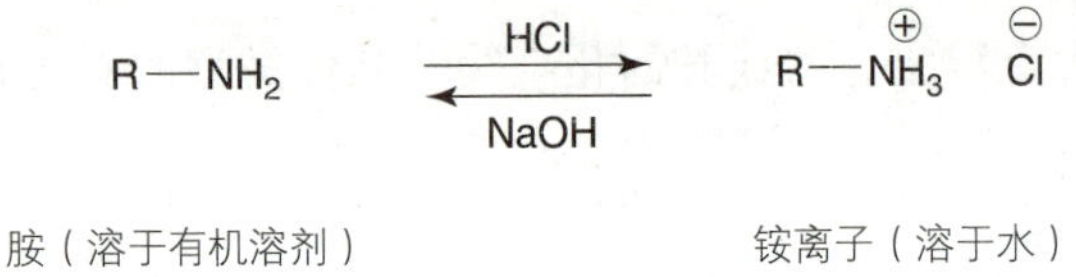
R—NH2
HCl
NaOH
R—NH3
Cl
胺（溶于有机溶剂）
铵离子（溶于水）

（c）胺

续图1-17　羧酸、酚和胺的离子化

分子间和分子内的相互作用

连接分子内原子的共价键很强，不容易断裂。然而，分子之间也存在较弱的键，这些键被称为分子间键，主要是氢键、离子相互作用和范德华相互作用（也被称为伦敦分散力）。这些相互作用对生命化学、天然和合成化合物的性质至关重要。例如，理论上分子量较低的水在室温下应该是一种气体。而事实上，水是一种液体，这是由于单个水分子间存在氢键。氢键成为分子间的弱“黏结剂”，导致分子具有

比预期更高的沸点，需要更多的能量才能被打破。同样，由于氢键的存在，羧酸也具有比预期更高的沸点。（图1-18）

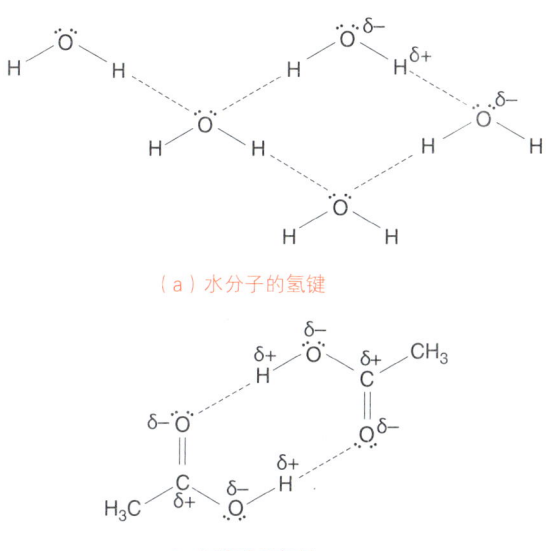

（a）水分子的氢键

（b）羧酸的氢键

图1-18 水分子和羧酸的氢键

什么是氢键？它是如何产生的？氢键是由分子中部分带电荷的原子引起的。例如，水中的氧原子带部分负电荷，在图1-18（a）中用符号（δ-）表示，而氢原子带部分正电荷（δ+）。这种部分电荷是由组成水分子的氧原子和氢原子的电负性不同造成的。氧在元素周期表的右侧，它的电负性比氢更大。因此，氧有更大的力拉住每个O—H键中的电子。由于键中的电子最终更接近氧原子，氧原子变得略负，氢原子变得略正。因此，组成水的O—H键在本质上是极性共价键，而不是通常意义上的共价键。

正是因为这些部分电荷，不同的水分子之间可以相互作用，一个分子中带部分电荷的氧原子与另一个分子中带部分电荷的氢原子相互作用，用如图1-18中的虚线表示。由于相互作用是在略负电荷和略正电荷之间，因此这种相互作用可以看作是离子相互作用的弱形式。因为涉及一个略正的氢原子，所以这种相互作用被称为氢键。形成氢键的氢原子被称为氢键供体（hydrogen bond donor，HBD），而略负的氧原子被称为氢键受体（hydrogen bond acceptor，HBA）。

当一个分子包含一个带有部分负电荷的电负性原子（HBA），另一个分子包含一个带有部分正电荷的氢原子（HBD）时，分子间氢键就形成了。通常，HBA是氧原子或氮原子，而HBD则是一个与氧原子或氮原子相连的氢原子。氢键在分子识别中起着重要的作用，例如，酶识别底物的能力（见第三章）、特定药物或杀虫剂与目标蛋白质相结合的能力（见第四章和第五章）都与之有关。

如果一个分子有一个带正电荷的官能团，而另一个分子有一个带负电荷的官能团，它们可能会发生分子间的离子相互作用。例如，一个分子有氨基，而另一个分子有羧酸根，就会发生这种离子相互作用（图1-19）。这种离子相互作用比氢键更强。

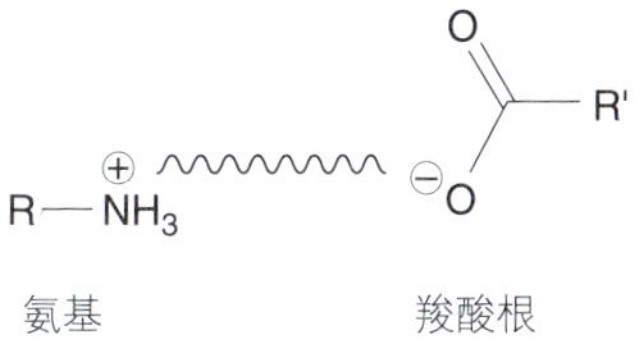

氨基　　　　　羧酸根

图1-19　不同分子上两个相反电荷之间的离子相互作用

范德华相互作用通常发生在不同的烃类化合物之间，换句话说，它只与碳原子和氢原子相关。这种作用比氢键或离子相互作用要弱得多，但也不应被低估。分子间的范德华相互作用往往大于氢键或离子相互作用，所以它的累积效应可能非常显著。电子围绕原子和分子随机运动，就可能发生这种相互作用。这可能会导致出现短暂的富电子或缺电子区域短暂形成，对于任何特定区域来说，这种作用都是短暂的。

然而，这些电子密度可变的瞬态区域会导致分子间的相互吸引作用，即一个分子的瞬态富电子区域与另一个分子的瞬态缺电子区域发生相互作用。

氢键、离子相互作用和范德华相互作用也可以发生在同一分子的不同区域，这种相互作用发生在分子内而不是分子间。这种分子内的相互作用在将蛋白质和核酸等大分子折叠成特定形状中发挥着重要作用。

第二章
有机化合物的
合成及分析

02

新型药物、杀虫剂、香水、调味料或高聚物材料的设计主要依赖于有机化学家，那是因为有机化学家是探索分子世界的专家，了解有机分子的结构、性质和反应能力。此外，有机化学家具有合成新结构的实用技能，这使得有机合成实验室内的研究具有挑战性和激励性。合成研究从来都不是一种例行的工作，每天的合成研究都可能是一次探索之旅。有机合成永远不会是完全可预测的，反应很可能产生一个与计划反应不同的产物，有时会令人沮丧，但如果该产物具备有用的性质，它就为研究提供了新的机会。

有机研究既有创造性又有实用性，创造性是为了设计出预计有用的新分子。

在设计一个通往特定化合物的合成路线时，有时就像下一盘化学象棋。为了实现创造性和实用性这两个目标，研究者必须对有机化学理论知识有深入的理论理解，并有能力以富有想象力的方式将这些知识应用到新问题上。然而，如果想在实验室中完成合成过程，化学研究人员也需要有良好的实验技能。一名优秀的研究人员对化学应该拥有类似于园丁"绿手指"一样的高超技能。一些有机化学家似乎拥有一种能够比其他人更容易成功地进行反应的魔力。有机化学家也必须拥有良好的分析技能，以证明从反应中获得的产物是符合预期的。如果这个产物不是预期的，研究人员将扮演化学侦探的角色，有能力解析产物的结构，并分析它是如何形成的。

设计合成

有机化合物的合成必须确保每个原子在分子中处于正确的位置，就像建造一座大教堂，每一块石头都应精确地置于正确的位置。然而，这是一个毫无说服力的类比。大教堂可以一块石头一块石头地建造，而分子不能一个原子一个原子地构筑。相反，目标分子是通过连接较小的分子来构建的。这些较小的分子（起始原料）必须能买到，而且理想上类似于目标分子的一部分。例如，甲哌卡因是一种局部麻醉

剂，它可以很容易地由两个商品化（市售）的分子合成得到
（图2-1）。这两个分子上的不同官能团反应将两个分子连
接起来。在这种情况下，一个分子是胺，而另一个分子则是
酯，胺与酯反应得到酰胺。

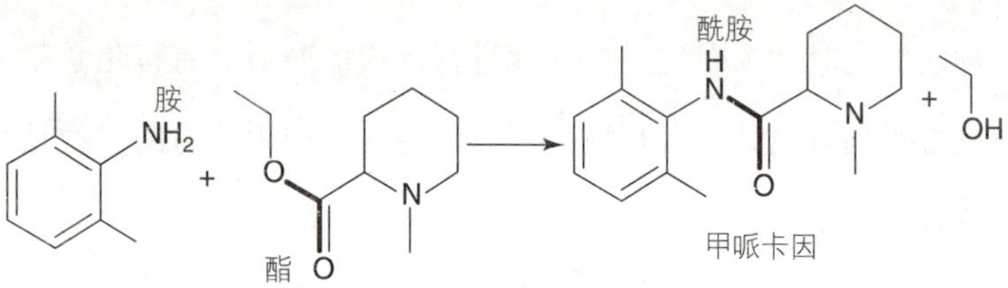

图2-1　甲哌卡因的合成

　　有机化学家在选择用于合成化合物的原料时，需要充分
了解不同官能团之间可能发生的反应。此外，知道反应不发
生也同样重要。这可以通过普萘洛尔的合成过程来证明，它
是一种用于治疗高血压的β受体阻滞剂（图2-2）。

　　这是一个涉及三个分子合成砌块（building block）的两
步合成方法。第一步是1-萘酚与一个包含两个官能团（一个
环氧基和一个烷基氯）的分子反应。在碱性条件下，1-萘酚
的酚羟基与烷基氯发生反应，通过形成新的O—C键将两个分
子连起来生成含有醚和环氧基的产物。请注意，是酚与烷基

氯反应，而不是和环氧基反应。这是一个化学选择性反应的例子，即反应中一个官能团（烷基卤化物）对另一个官能团（环氧基）具有选择性。

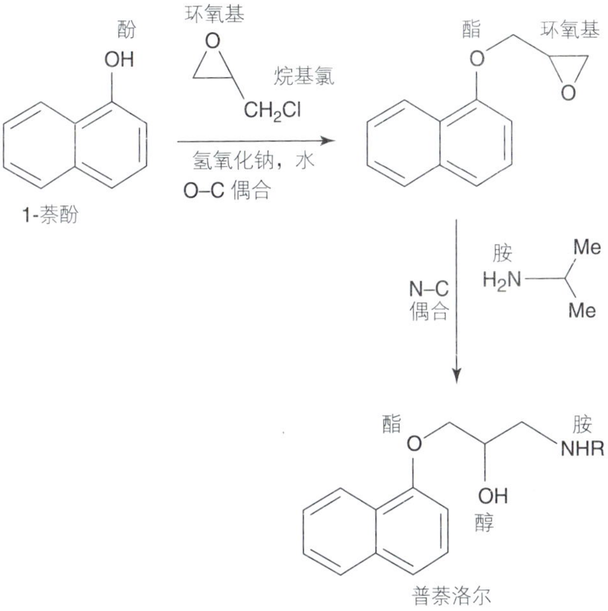

图2-2 普萘洛尔的合成

　　这个反应的产物与含有机胺的第三个合成砌块反应（图2-2和图2-3）。这是另一种化学选择性反应，胺与环氧基而不是与醚反应。最终环氧基的三元环被打开生成醇，这两个分子通过形成新的N—C键而偶合在一起。第二步是另外一种附加形式的选择性反应，胺与环氧环上取代基较少的碳发生反应（位置a）。此类选择性被称为区域选择性。

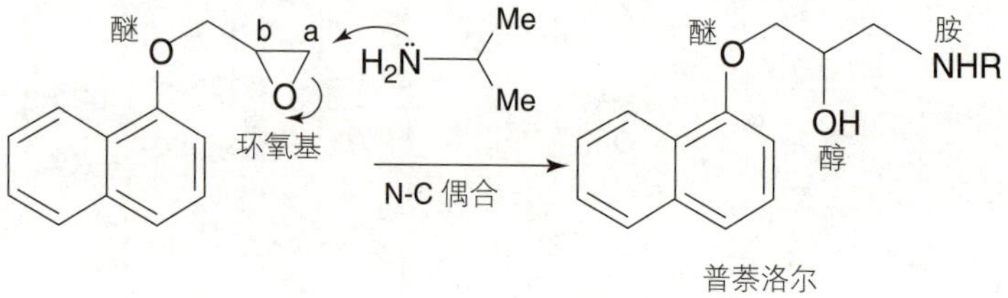

图2-3　区域选择性反应（弯箭头的意义将在本章末尾解释）

　　图2-1～图2-3中的反应称为偶联反应，因为它们连接了不同的分子合成砌块，并不是所有合成反应都具有这种性质。事实上，它们的数量不及官能团转化（functional group transformations，FGTs）的反应数量。顾名思义，官能团转化是将一个官能团转化为另一个官能团。有很多理由可以说明FGTs的重要性。例如，不可能获得包含将两个分子偶联在一起所需官能团的分子合成砌块。（可能不会获得一个包含将两个分子偶联在一起所需的官能团的分子合成砌块。）这可以用抗真菌药物地马唑的合成来说明（图2-4）。

　　该合成的第一个合成砌块是醚类化合物。然而，醚是一个具有相当惰性的官能团，所以偶联反应不可能发生。

因此，这两步合成的第一步反应是官能团转化，用溴化氢（HBr）处理醚将其转化为活性较强的酚羟基。第二步是酚羟基与第二个合成砌块烷基氯发生偶联反应。

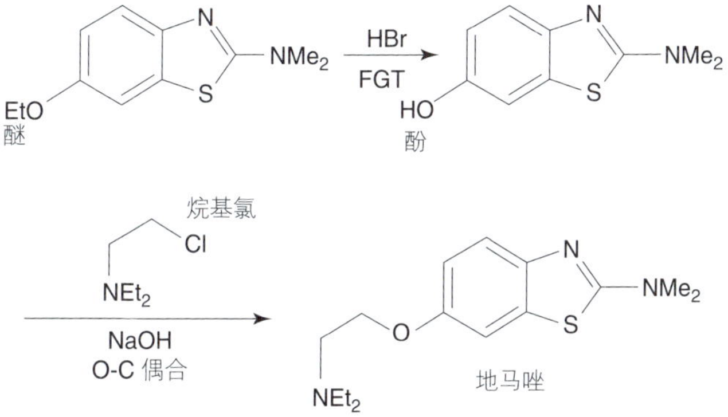

图2-4　地马唑的合成

官能团转化在普鲁卡因（一种局部麻醉剂）的合成中也很有用（图2-5）。在这种情况下，官能团转化（FGTs）发生在合成的最后一步，将硝基化合物转化为胺。氨基是相当活泼的基团，它会干扰前两步偶联反应，导致产生不必要的副产物。因此，它在前两步反应中被"伪装"成反应性较差的硝基。

进行官能团转化还有许多其他原因，特别是在合成复杂分子时。例如，起始原料或合成中间体在分子结构的关键位置上缺少官能团，需要进行几种反应才能引入所需官能团。

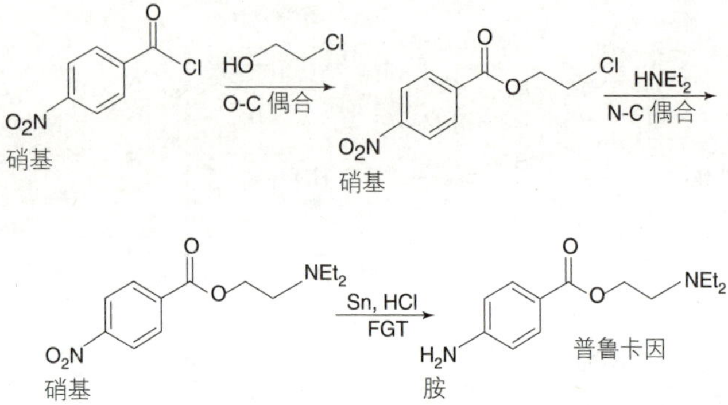

图2-5　普鲁卡因的合成

　　在其他情况下，官能团可以被添加到特定位置，然后在后期移除。添加这样的官能团是为了在分子的相应位置阻止不必要的反应。

　　另一种常见的情况是反应性官能团转化为反应性较低的官能团，使其不干扰随后进行的反应。然后，通过另一个官能团转化恢复原官能团。这就是保护/脱保护策略。目标分子越复杂，合成的挑战就越大。复杂性与分子中的环、官能团、取代基和手性中心的数量有关。例如，局部麻醉剂苯佐卡因的结构要比镇痛剂吗啡简单得多（图2-6）。苯佐卡因可

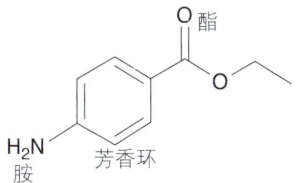

（a）苯佐卡因
分子量165
1个环，0个手性中心
1个取代基
2个官能团

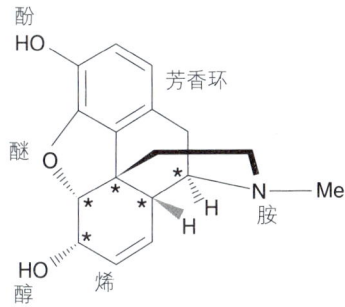

（b）吗啡
分子量285
5个环，5个手性中心
1个取代基
6个官能团

图2-6　苯佐卡因与吗啡的分子复杂性比较

以通过两个分子的一步反应来合成，而首次合成吗啡共用了29步反应。在合成路线中涉及的反应越多，总产率就越低。例如，吗啡的29步合成反应总产率仅为0.001 4%。此外，最终的产品还是外消旋的。换句话说，它包含了这个手性分子两种对映异构体（镜像）的混合物。这意味着只有一半的产物结构和天然旋光异构体相同。在如此低的产率下，从罂粟中提取吗啡比进行全合成更经济。①

成功地设计和进行复杂分子的多步骤合成需要高超的技能和创造力，参与其中的化学家需要对不同官能团的反应有全面了解。因此，许多有机化学家被授予诺贝尔化学奖，以表彰他们用简单原料合成复杂天然产物的贡献。例如，英国有机化学家罗伯特·罗宾逊爵士因设计合成多种生物碱而在1947年获奖，美国化学家罗伯特·伍德沃德因设计合成奎宁、胆固醇、马钱子碱和叶绿素在1965年获奖，发展了复杂分子合成和开发新合成方法的美国著名化学家E. J. 科里在1990年获奖。

---

① 中国对罂粟的种植是严加控制的，除了用于药用科研之外，其他一律不允许种植。——编辑注

目前最大的挑战之一是合成刺尾鱼毒素，它是太平洋上一种浮游生物产生的高分子量多环神经毒素，许多食物中毒的案例就是由于人类食用了以这种浮游生物为食的鱼造成的。如此复杂分子的全合成从来都不是以获利为目的的，但合成简单的分子片段可能会发现用于治疗神经退行性疾病的新药。这似乎是一个奇怪的建议，既然刺尾鱼毒素有毒，那么结构简单的分子片段也有可能有毒。然而，不能仅仅因为某一种化合物有毒，就排除它在医学上应用的可能性。很多例子都表明，毒药或毒素都是有用的药物，例如，曾被南美部落用于狩猎游戏的管箭毒碱，在手术中被用作神经肌肉阻滞剂。医学的基本原则之一是药物的剂量在很大程度上决定了它是毒药还是治疗药物。最早的例子之一是吗啡，它在美国内战期间被用作止痛药。在正确的剂量下，它是有效的，如果剂量增加十倍，它就是致命的。

并非所有的合成研究都旨在设计和合成具有特定目的的有机分子。有时，参与研究是因为挑战。例如，一些研究团队会研究外观不寻常的分子在合成上是否可行（图2-7）。其他研究团队为自己设计了具有美感分子的合成挑战。例如，一些化学家在布基球的分子结构中发现了美，而另一些人则被轮烷的系列分子合成挑战所吸引（见第八章）。这种研究的灵感往往来自科学的好奇心，而不是商业动机。当然，布基球和轮烷也一定具有潜在的应用价值。

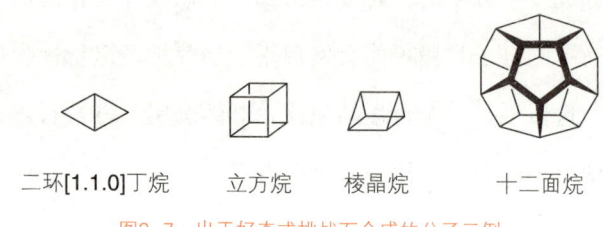

二环[1.1.0]丁烷　　立方烷　　棱晶烷　　十二面烷

图2-7　出于好奇或挑战而合成的分子示例

逆合成

逆合成这个词具有一些欺骗性，人们可能会认为它指的是一种老式合成。事实上，逆合成是有机化学家在合成之前设计合成过程的一种策略。它被称为逆合成是因为在设计合成过程中首先要研究目标化合物的结构，并反向推导，以确定如何用更简单的起始原料来合成目标化合物。因此，逆合成的一个关键是找到一个可以"断开"的键来推出那些更简单的原料分子。请注意，断开并不是一种实际的反应，而是一种纯粹的计划策略。

　　有几个指导方针来帮助化学家决定合适的断开，一个关键原则是断开后对应的分子必须能够被合成出来。而且，应该有一个已知的反应，使这些分子在实际合成中形成与上述断开的键相同的键并连接在一起。出于这个原因，通常C—O和C—N键的断开更有利，因为这些键可以通过众所周知的反应高产率形成。

　　如图2-8所示，合适的断开是在波浪线表示的C—N键处。特殊的双线箭头表示断开，表示这就是逆合成，而不是一个实际反应。由这种断开产生的两个结构称为合成子，它们被赋予相反的电荷。合成子不太可能成为现实结构，因为它们太活泼了。因此，下一步要确定与它们相似的真实分子，并确认这些分子是否会反应得到所需产品。在这种情况下，苄基溴和异丙基胺是合适的起始原料，它们可以偶合在一起，如图2-9所示。

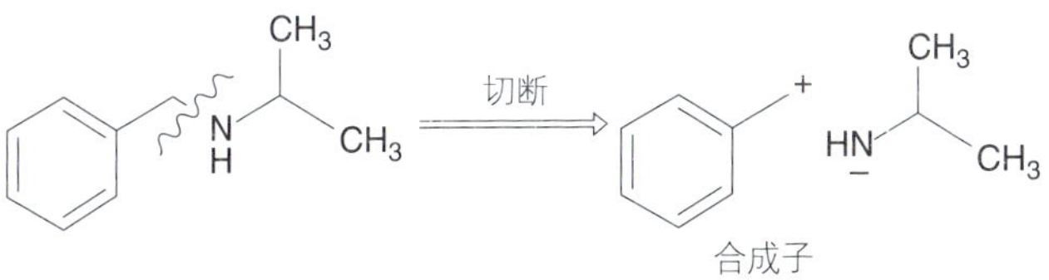

图2-8　逆合成

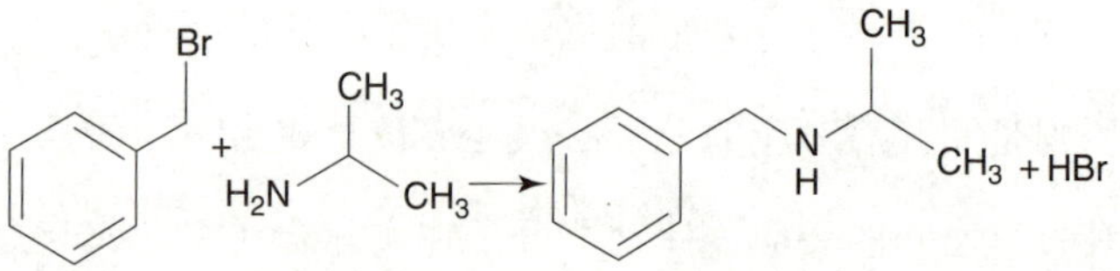

图2-9　与苄基溴和异丙基胺的逆合成相对应的合成

　　如果断开分出的两个分子是可以购买到的，那么可以购买这些分子并进行反应。如果这两种化合物买不到，就将进行进一步的逆合成分析，直到推导出可购买到的起始原料。对于复杂的目标化合物结构，逆合成方案是多步骤的，对应的合成也是多步反应。

进行并监测反应

　　实施反应从根本上说很简单，通常用能溶解化合物A与化合物B的溶剂将其混合即可。就成本、安全性和最小环境影响而言，水是理想的溶剂。但很遗憾，大多数有机化合物不溶于水，所以有机溶剂更为常用。常用的有机溶剂包括乙醇、二氯甲烷、四氢呋喃、乙酸乙酯、丙酮、甲苯、二甲基亚砜和二甲基甲酰胺。每种溶剂都有其优缺点，对特定的反应来讲，通常是根据以往最好的结果选择最合适的溶剂。

　　将一个反应的各种原料混合在一起后，重要的是监测反应的进行。化学反应的常见现象包括瞬间变色、大量冒泡并发出嘶嘶声、冒出蒸气以及偶尔发出"砰"的声音。事实上，很少有反应能产生在化学演示中所能观察到的壮观的视觉和听觉效果。更典型的情况是，反应将两种无色溶液混合在一起形成另一种无色溶液。溶液温度的变化往往能提供更多的信息。如果反应产生热量（放热反应），则反应溶液的温度就会升高。当然，并非所有的反应都会产生热量，所以监测温度的变化不是判断反应是否完全的可靠方法。更好的方法是在不同的时间取少量溶液样品，通过色谱或光谱进行监测。

　　用色谱法监测反应的方法多种多样。其中最简单的是薄层色谱法（thin-layer chromatography，TLC），此法是在玻璃或塑料板上涂一薄层硅胶（图2-10）。将反应溶液样品点在靠近薄板底部的硅胶上，这个点的两侧是两种起始原料的样品点。溶剂挥发后，留下的这些化合物成为薄板上的无溶剂点（干燥点）。然后将薄板放置在含有另一种展开剂的展层缸中。

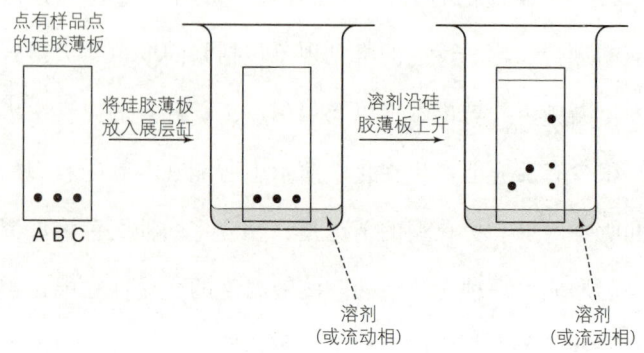

图2-10　薄层色谱法，A和B是两种反应原料，C是反应混合物

　　展层缸中的展开剂通过毛细现象沿着薄板上升，与此同时，它还拖拽着样品点上的化合物。根据化合物的极性大小，不同的化合物会在薄板上移动到不同的位置，化合物的极性越大，它在薄板上移动的距离越短。这是因为硅胶是一种极性材料，极性化合物将比非极性化合物更容易"黏"在薄板上面。待溶剂前沿接近薄板的顶部时，将薄板从展层缸中取出，待溶剂挥发后，如果所展开的化合物本身有颜色，就可以很容易地在薄层色谱板上看到有颜色的斑点。但大多数化合物都是无色的，为了显示斑点的位置，必须对薄板进

行着色处理，一种监测反应方法是用碘蒸气熏薄层色谱板。碘与薄板上的化合物发生反应，在板上显示出棕色斑点。

　　使用薄层色谱法可以监测反应随时间的变化情况。在反应的开始阶段，反应很少发生，在这种情况下，反应混合物中的样品（C）主要是起始原料A和B（图2-11）。随着反应的进行，与产物对应的新点出现，且强度增加，而与化合物A和B对应点的强度减弱。当观察不到起始原料，或色谱点没有进一步的变化时，可以判断反应结束。请注意，并不是所有的反应都能完全反应。

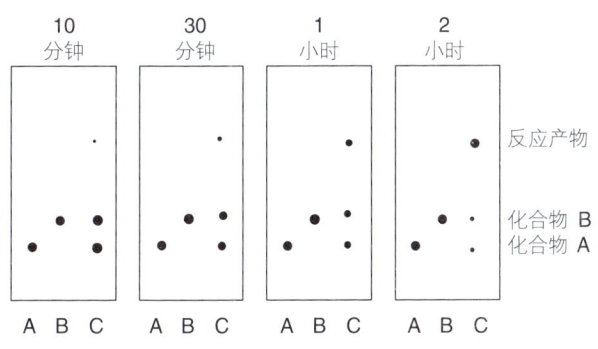

图2-11　薄层色谱法在不同时间的监测反应

　　另一种监测反应方法是用红外光谱检测反应混合物样本。这包括使分子受到红外辐射,并测量任意辐射是否被吸收。分子受到红外辐射后,辐射的红外能量与分子中的键相互作用,在特征频率发生振动,此时,分子吸收红外能量,被吸收的红外辐射频率是特定类型官能团的特征。例如,羰基(C=O)与醇(O—H)官能团会吸收不同频率的红外辐射。因此,对于一个酮被还原为醇的反应(图2-12),可以通过监测样品中羰基吸收减弱、羟基吸收增强的速率来监测反应的进行。例如,2-丁酮还原为2-丁醇时,2-丁酮在1 715 cm^{-1}处的羰基吸收会逐渐减弱,而2-丁醇在3 350 cm^{-1}处的羟基吸收逐渐增强(图2-13)。

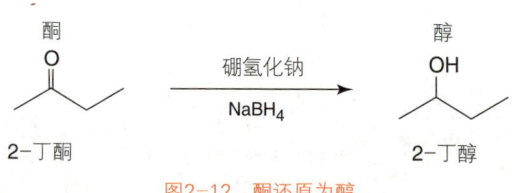

图2-12　酮还原为醇

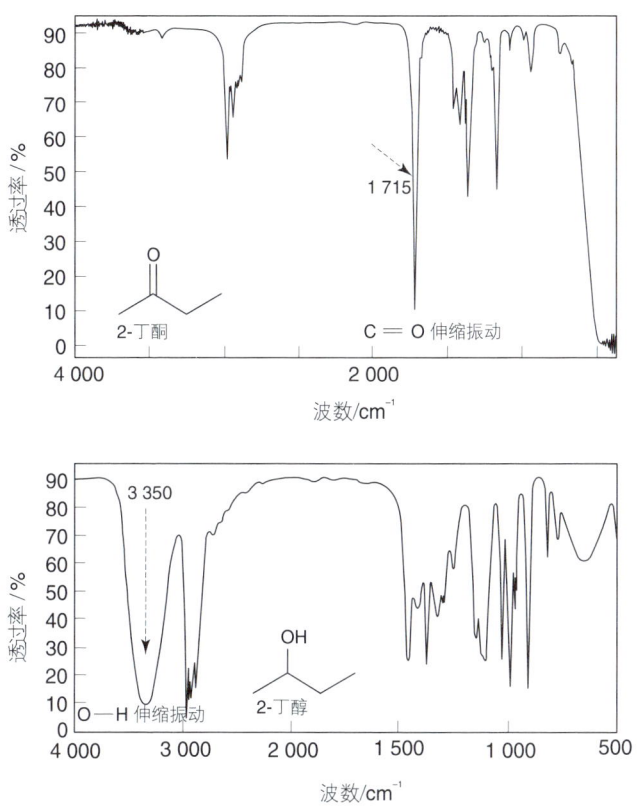

图2-13　2-丁酮和2-丁醇的红外光谱

改变一个反应的条件

如果反应进行得非常缓慢，就可以尝试改变反应条件来加速它，包括加热、加压、快速搅拌、确保反应在干燥气氛中进行、使用不同溶剂、使用催化剂或使实验中的一种试剂过量。

　　另一方面，如果反应过于剧烈，会生成不需要的副产物和杂质。在某些反应中，产物已经生成，但发生了降解或进一步的反应。同样，改变反应条件可能会改善这种情况。例如，反应可以在低温或氮气气氛下进行。

　　有大量的变数可以影响反应的效率，工业有机化学家经常研究反应的最优反应条件。这是有机化学的一个领域，即化学开发。

反应产物的分离和纯化

　　一旦反应完成，就需要分离和纯化产物。这个过程通常比进行反应还耗时。理想情况下，去除溶剂后即获得产物。然而，在大多数反应中，这是不可能的，因为其他化合物可能也存在于反应混合物中。例如，如果反应进行得不完全，产物混合物中仍有少量的起始原料和试剂。当为了获得良好的产率而过量添加一种原料时，情况尤其严重。一些试剂类型，也可以形成无机盐。最后，还可能存在一些原料经历了与预期反应不同的反应而生成杂质。因此，通常需要进行一些操作，从上述混合物中分离出所需产品，这个过程被称为反应的后处理（"增强"反应）。

一个典型的反应后处理是从萃取开始的。如果这个反应是在不溶于水的有机溶剂中进行的，那么可以立即进行萃取。这类溶剂通常是二氯甲烷、乙酸乙酯和乙醚。如果反应是在与水混溶的溶剂中进行的，那么必须通过蒸发去除溶剂，然后将粗反应产物溶解在与水不相溶的合适的有机溶剂中。

一旦将粗反应产物溶解在合适的溶剂中，就可进行萃取（图2-14）。假设粗反应产物含有四种不同的有机化合物a-d。化合物d是所需产物，化合物a和c是未反应的原料。其中，化合物a是胺，化合物c是羧酸。化合物b是由副反应生成的杂质。

首先将混合物溶液倒入分液漏斗中。然后加入氢氧化钠水溶液，得到两相。塞紧分液漏斗并摇晃到两相混合，然后静置再次分两相。通过如此操作，氢氧化钠溶液中和混合物中的羧酸c，生成水溶性的羧酸根离子进入水层

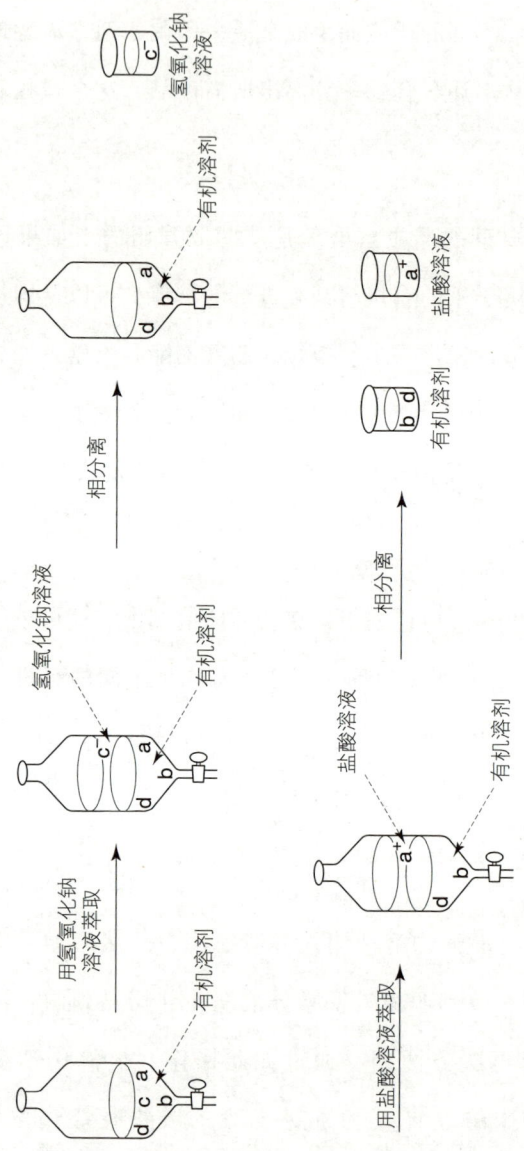

图2-14 从反应混合物中除去胺和羧酸提取物

（图1-17）。相分离后，化合物c最终进入水层。

有机层返回分液漏斗中，用盐酸（HCl）溶液振荡，这样可以使有机胺离子化（图1-17）。同样，静置分层，然后分离。离子化的胺是水溶性的，最终进入水层（盐酸溶液）中。

有机层现在含有杂质b和产物d，杂质没有被萃取到碱性或酸性溶液表明它不含酸性或碱性官能团。

下一阶段是干燥有机层，尽可能除去水。通过添加一种无水无机盐来除水，如无水硫酸镁，它可以吸收水而不溶解在有机溶剂中。这些盐可以通过过滤去除，然后通过蒸馏去除有机溶剂，得到含有杂质b的粗产物d。

现在需要纯化粗产品，以去除杂质b。一种方法是结晶，将粗产物溶解到产物d少量溶解的溶剂中，这意味着需加热使产品溶解，然后让热溶液继续冷却。这样，产品d从溶液中结晶出来。如果杂质量很少，那么它就不太可能结晶，而是留在溶液中，过滤得到纯产物晶体。

但是，许多有机化合物不能很好地结晶，只能作为油状物获得。在这种情况下，常用的纯化方法是使用色谱法将产物和杂质分离开。其原理与薄层色谱法（TLC）相同，但用量更大些。使用硅胶填充玻璃柱，然后将粗产品溶液加入柱的顶部。不同的产物和溶剂以不同的速率通过硅胶柱，一旦产物通过硅胶柱，就可以在柱下收集起来，蒸馏除去溶剂得到纯化合物。

结构分析

假设反应已经完成，并且产物已经得到分离纯化，就必须对产品进行结构鉴定。反应结果永远都不是可以完全预测的，总有可能产生与预期不同的产物。有机合成与土木工程项目不同：在土木工程项目中，主梁可以用一种可预测的方式连接在一起，而在有机合成中，分子反应总是以令人惊讶或不可预测的方式进行。

理想情况下，最好是在显微镜下观察产品，直接看到分子。当然，这是不可能的。最接近直接可视化结构的方法是获得产品的晶体，进行X射线晶体结构解析。这个分析技术可以确定存在的原子，可以看到这些原子是如何连接在一起的，即人们所能得到的最接近分子的图像。然而，X射线晶体结构解析需要相对较长的时间。此外，实验室合成的有机分子中很大一部分是油状物或液体，或不能提供令人满意的晶体。对于这类化合物，还需要其他确定结构的方法。

许多分析方法都可以用来确定分子结构。例如，使用元素分析程序来确定化合物中存在哪些元素以及它们的相对比例，也可以使用质谱来确定分子质量。这两种分析方法能提供化合物的分子式。然而，它们并没有揭示出不同的原子是如何连接在一起的。正如图2-13所示，红外光谱可以用来确定是否存在特定的官能团，但没有提供分子的碳骨架信息。

多年来，除了X射线晶体结构解析技术之外，没有其他明确的方法来确定分子结构，因此确定许多化合物结构往往需要数年时间。从20世纪60年代开始，随着核磁共振（NMR）技术的出现，一切都发生了改变。核磁共振谱利用电磁辐射来检测特定元素或同位素。最常见的是^{1}H或质子核磁共振，它可以检测结构中所有氢原子。核磁共振的另一种常见形式是碳核磁共振，它可以检测分子结构中的所有碳原子。在核磁共振光谱中，分子结构中的每个相关原子都转化为一个信号，该信号的位置表明了该原子的化学环境，可以确定每个原子在一个分子中的位置。2-丁酮和2-丁醇的碳核磁共振谱（图2-15）显示了各自结构中存在的四个碳原子的四个信号。这两个谱图之间最大的区别是由碳b引起的信号。

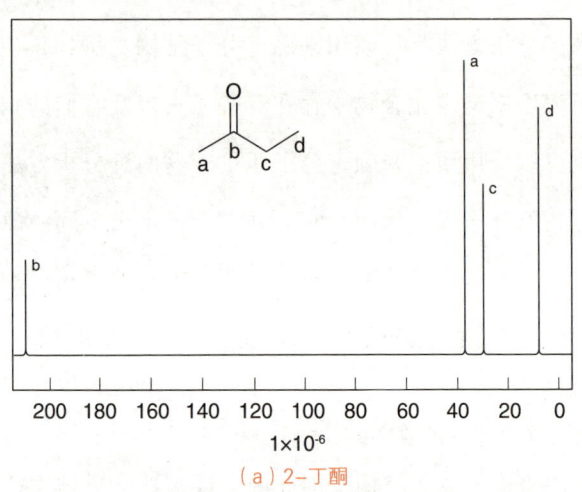

（a）2-丁酮

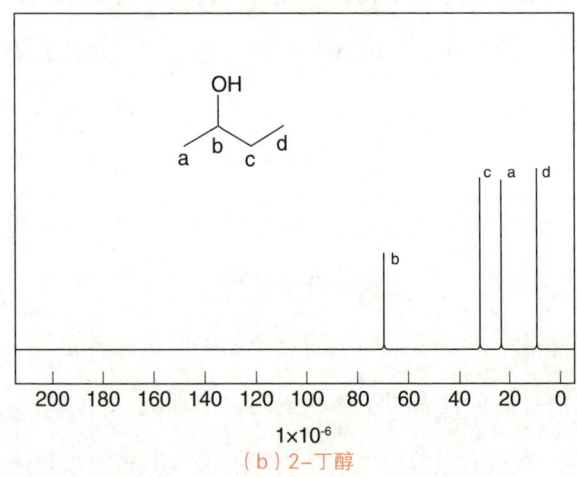

（b）2-丁醇

图2-15 .2-丁酮和2-丁醇的碳核磁共振谱

　　由于一些信号被分裂成几个峰，氢核磁共振谱显得更复杂些，即它们发生了耦合。例如，2-丁酮的氢核磁共振谱（图2-16）有三个信号，代表连接在碳a、c和d上的氢。信号a是碳a上的三个氢原子的单峰（单重峰）。信号c是碳c上的两个氢原子的四个峰（四重峰），信号d是碳d上的三个氢原子的三个峰（三重峰）。没有信号b，因为在碳b上没有氢原子。

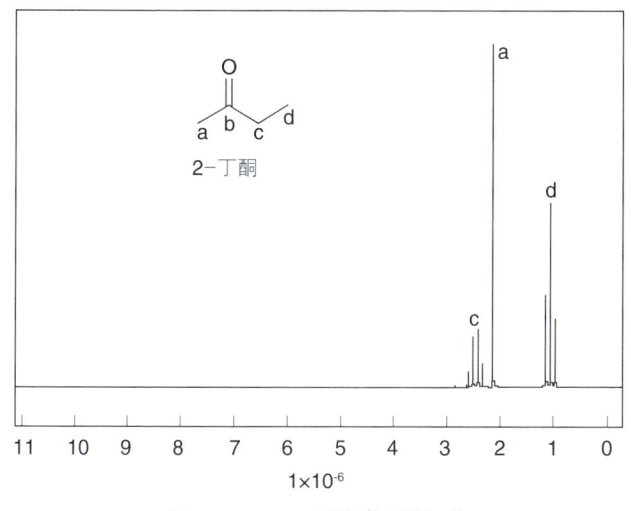

图2-16　2-丁酮的氢核磁共振谱

　　信号c和信号d的耦合使谱图复杂化，但它们为分子结构的解析提供了非常有用的信息。这是因为信号中的峰数表明了邻近碳原子上氢原子的个数。具体地说，在信号中观察到的峰数比邻近碳原子上的氢原子数多一。例如，信号c（—CH$_2$—，亚甲基）有四个峰，这表明在其邻近的碳上有三个氢原子（d位的甲基）。同样，信号d（—CH$_3$，甲基）有三个峰，这表明在其相邻的碳（c位的亚甲基）上有两个氢原子。这些共同证明了在结构中存在一个乙基（—CH$_2$CH$_3$）。核磁共振分析使化学家能推断出原子在整个分子结构中是如何相互连接的。

反应机理

有机化学研究的重要组成部分是解释反应是如何发生的。反应包括共价键的形成和断裂。特定反应的机理包含了其所涉及的电子。换句话说，如果形成一个新键，那么这个新键的两个电子来自哪里？或如果打断一个键，那么构成这个键的两个电子去了哪里？为了说明这一点，以如图2-17所示的反应为例，1-溴丙烷与氢氧化钠（NaOH）反应生成1-丙醇。这个反应包括打断C—Br键，形成碳和羟基（—OH）中氧原子之间的C—O键。

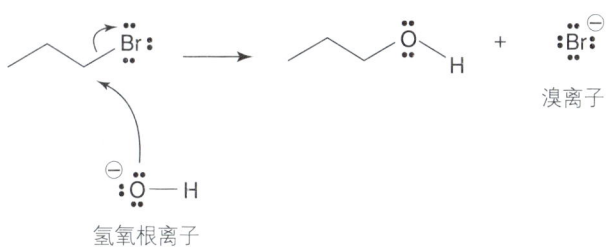

1-溴丙烷　　　　　　　　　　　　　　　　　　1-丙醇

图2-17　1-溴丙烷生成1-丙醇的反应

　　该反应的机理如图2-18所示。弯箭头表示成键和断键过程中电子的运动。例如，顶部的弯箭头表示C—Br键中的两个电子正在转移到溴原子上。结果，C—Br键断裂，这两个电子以四对孤对电子的形式出现在溴离子上。溴离子也因此产生负电荷。

溴离子

氢氧根离子

图2-18　1-溴丙烷生成1-丙醇的反应机理

　　底部的弯箭头显示，氢氧根离子的氧原子上的一对孤对电子在氧和碳之间形成新键。因此，产物中的氧原子现在有两对孤对电子，而不是三对。它也失去了负电荷。这是个相对简单的机理，但它形象地说明了弯箭头使用的基本原则。弯箭头代表一对电子，这意味着它只能从一个原子上的一对孤对电子或两个原子之间的共价键中画出。箭头必须指向电子的终点，这可以是两个原子之间的新共价键，也可以是原子上的一对新的孤对电子。

第三章
生命化学

人们曾经认为，有机化合物是生命所特有的，不能在实验室中合成出来。而现在，人们知道事实并非如此。很明显，有机分子是这个星球上生命生存的基础。第三章描述了有机化学家是如何以较小的分子为原料合成有机分子的。这看起来很了不起，但大自然做这件事的时间要比有机化学家长得多，且合成效率也要高得多。从非常简单的分子合成砌块开始，生命创造了惊人的多样性分子，其中一些结构非常复杂，已被证明很难在实验室中合成。生命不仅可以制造复杂分子，而且可以在温和的水环境中进行合成反应。

氨基酸和蛋白质

蛋白质是一种大分子，用途广泛，是以氨基酸为基本构筑单元的聚合物（图3-1）。在人类生物体中，有20

种具有相同"头基"的氨基酸，包括连在同一碳原子上的一个羧基和一个氨基（图3-2）。最简单的氨基酸是甘氨酸，它的侧链是一个氢原子，其他氨基酸都有不同的侧链。

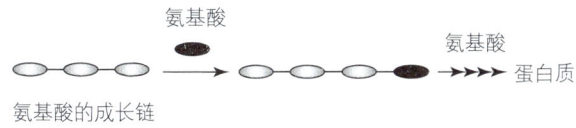

图3-1　一次连接一个氨基酸形成蛋白质的生物合成

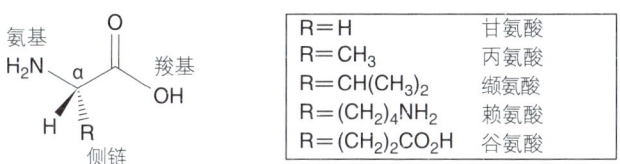

图3-2　部分α-氨基酸结构

　　一个氨基酸的羧基与另一个氨基酸的氨基反应形成酰胺键并连接在一起。由于形成了蛋白质，酰胺键被称为肽键。最终的蛋白质由多肽链（骨架）组成，不同的侧链"悬挂"在多肽链上（图3-3）。多肽中的氨基酸序列被称为初级结构。蛋白质一旦形成，就会折叠成特定的三维形状，这是由不同侧链和肽键之间发生的分子内相互作用以及周围水的分子间氢键决定的。生命合成蛋白质的方法可以在实验室中进行模拟。例如，HIV蛋白酶是一种在实验室中合成的病毒酶。

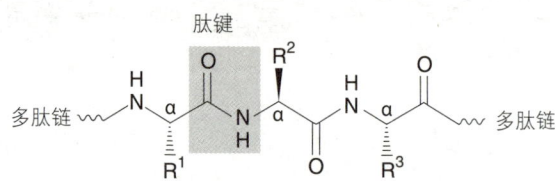

图3-3　每个α-碳上都附着有取代基（R^1、R^2、R^3……）的蛋白质多肽链

核酸与核苷酸

核酸（图3-4）是另一种形式的生物聚合物，由核苷酸构筑而成。它们连接起来形成一个聚合物链，其中主链由交替的糖和磷酸基组成。核酸有两种形式：脱氧核糖核酸（DNA）和核糖核酸（RNA）。DNA中的糖是脱氧核糖（R＝H），而RNA中的糖是核糖（R＝OH）。每个糖环上都有一个核酸碱基与之相连。对于DNA来说，有四种不同的核

酸碱基：腺嘌呤（A）、鸟嘌呤（G）、胞嘧啶（C）和胸腺嘧啶（T）（图3-5）。这些核酸碱基在核酸的整体结构和功能中起着至关重要的作用。

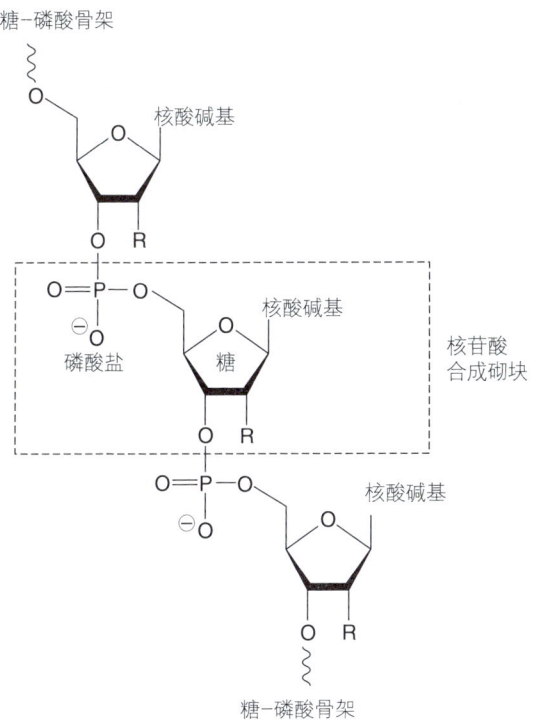

图 3-4　核酸的一般结构（R=H 或 OH）

　　实际上，DNA是由两条DNA链组成的，其中糖-磷酸骨架交织在一起形成双螺旋（图3-6）。核酸碱基指向螺旋轴的中心，每个核酸碱基通过氢键与另一条链上的一个核酸碱基"配对"。碱基对在腺嘌呤和胸腺嘧啶之间，或在胞嘧啶和鸟嘌呤之间。这意味着两条聚合物链是互补的，这一特征对DNA作为遗传信息存储分子的功能至关重要。

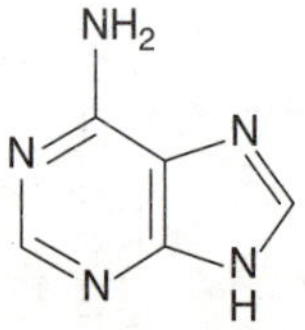

（a）腺嘌呤 (A) 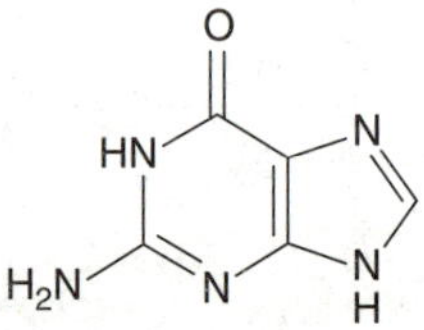　　　　（b）鸟嘌呤 (G)

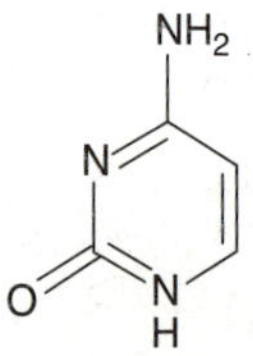

（c）胞嘧啶 (C) 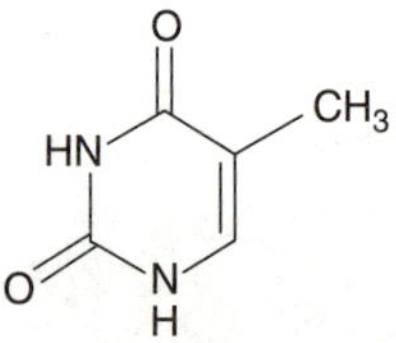　　　　（d）胸腺嘧啶 (T)

图3-5　DNA中的核酸碱基

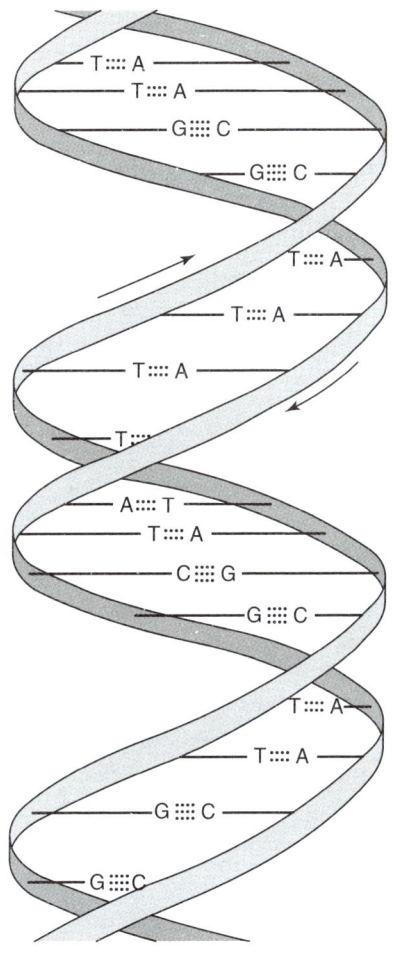

图3-6 DNA的双螺旋结构

其他生物合成过程

许多其他天然产物的生物合成都有聚合过程。例如，脂肪酸是由2-C合成砌块构建而成的；环状化合物的聚合过程是先形成一条线性聚合物链，再进行环化反应。类固醇的生物合成构建了一条由5-C合成砌块组成的聚合物链，它被环化形成一个四环结构（图3-7）。这样的通用策略也可用于其他不同的生物体。例如，青霉素G是一种真菌代谢物，它将两个氨基酸和一个脂肪酸连接起来，然后进行环化反应（图3-8）。

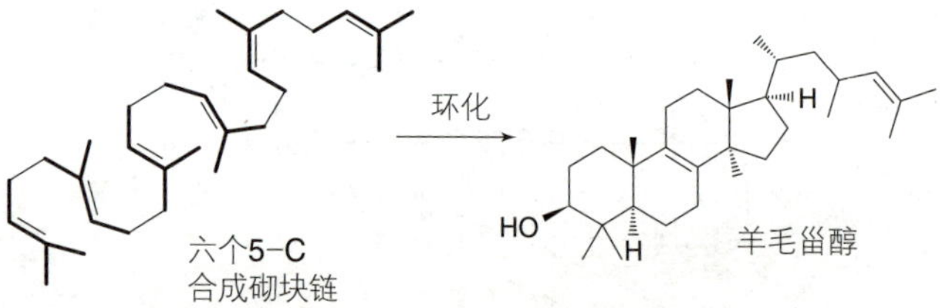

图3-7 类固醇的生物合成过程

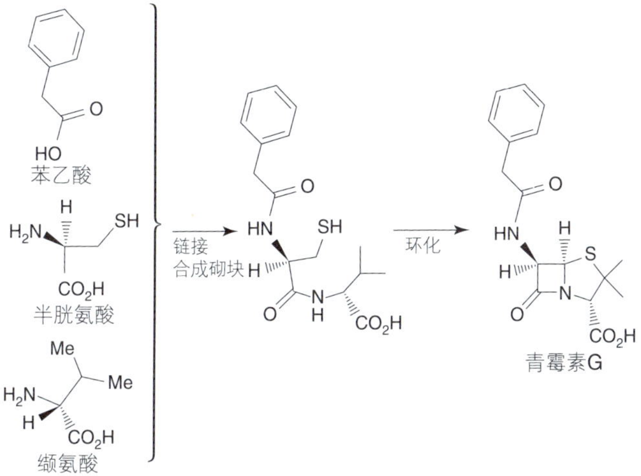

图3-8　青霉素G的生物合成过程

蛋白质的功能

蛋白质具有多种功能。一些蛋白质具有结构作用，如胶原蛋白、角蛋白和弹性蛋白。其他能催化生命化学反应的蛋白质被称为酶。它们有复杂的三维形状，包括含有活性位点的空腔，这是酶与发生酶催化的反应分子（底物）结合的地方。生成的产物随后被释放出来。酶催化反应的过程如图3-9所示。

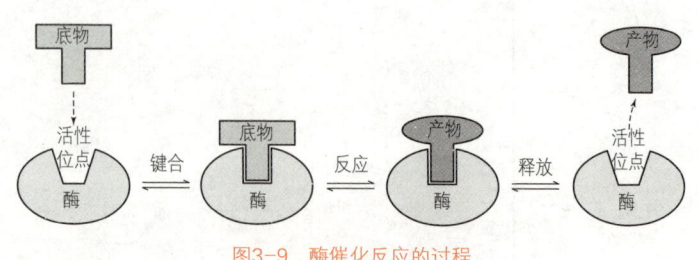

图3-9　酶催化反应的过程

底物必须有合适的形状以适应酶的活性位点，它也需要结合基团才能与该位点相互作用。这些相互作用能使底物在活性位点上保持足够长的时间以保证反应的进行，包括氢键、离子相互作用和范德华相互作用。当底物结合时，酶通常进行诱导契合。也就是说，活性位点的形状会发生轻微的变化以适应底物，并尽可能紧紧卡住它。酶的活性位点识别底物的过程如图3-10所示。

一旦底物与活性位点结合，活性位点中的氨基酸就会催化随后的反应。以乙酰胆碱的酶催化水解（图3-11）为例，这个反应在水中进行得非常缓慢，但如果有酶参与，则反应要快几百万倍。

被称为受体的蛋白质参与细胞之间的化学通信，并对神经释放的神经递质化学信使或腺体释放的激素做出反应。大多数受体嵌在细胞膜中，一部分结构暴露在细胞膜外表面，另一部分结构在细胞膜内。在外表面的这部分，有可与分子信使结合的结合位点。随后诱导契合就能激活受体。这和底物与酶结合时所发生的情况非常类似。当然，该受体没有催化活性，分子信使结合一段时间，然后没有变化地离开。一旦发生这种情况，受体就会恢复到非活性状态。

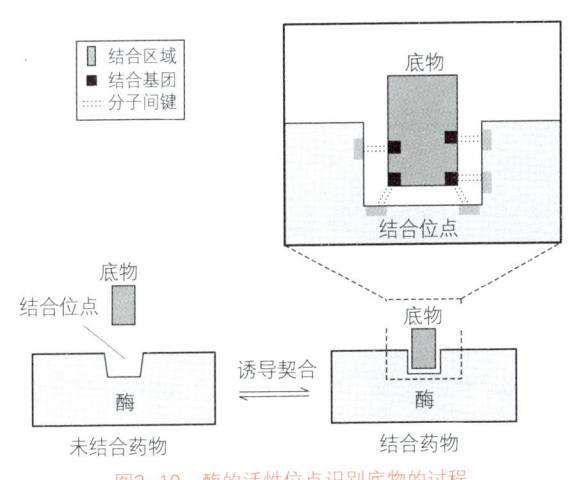

图3-10　酶的活性位点识别底物的过程

图3-11　乙酰胆碱的酶催化水解

诱导契合对于受体将信息传递到细胞中的过程，即信号转导至关重要。蛋白质通过改变形状引发了一系列影响细胞内部化学成分的分子活动。例如，一些受体是离子通道的多蛋白复合体的一部分。受体形状的改变会导致整个离子通道的形状也发生改变。这会打开通道的中心孔，允许离子通过细胞膜，使细胞内的离子浓度发生改变，从而影响细胞内的化学反应，最终导致可观察到的结果，如肌肉收缩。但不是所有的受体都与膜结合。例如，类固醇受体位于细胞内，这意味着类固醇激素需要穿过细胞膜才能到达它们的目标受体。

转运蛋白也被嵌入细胞膜，负责将氨基酸等极性分子运输到细胞中。它们在控制神经活动方面也很重要，因为它们允许神经捕获神经递质，使其在有限的时间内发挥作用。转运蛋白包含一个与目标分子结合的细胞外结合位点。一旦结合，分子就会通过蛋白质并被释放到细胞中。

核酸的功能

DNA是负责储存遗传信息并将其代代相传的分子。然而，很多年来，人们一直认为DNA不太可能有这些功能。

DNA主链上有一个规则的糖和磷酸根序列，只有四种不同类型的核酸碱基沿着主链随机排列。后来，此观点发生了根本改变，因为研究发现，DNA是由特定碱基对相互作用结合在一起的双螺旋结构。这意味着这两条链是互补的，同时也解释了DNA如何将遗传信息从一代传递到另一代。即使解开双螺旋，每条链也都可以作为创建一条新链的模板，产生两个相同的"子"DNA双螺旋。但这仍然留下一个疑问：一个由四个"字母"（A、T、G、C）组成的基因字母表如何编码20个氨基酸。答案在于三联体编码，其中一个氨基酸不是由单个核苷酸编码的，而是由一组三个核苷酸编码的。由四个"字母"组成的三联体组合的数量足以编码所有的氨基酸。DNA链的复制如图3-12所示。

RNA是存在于细胞中的另一种形式的核酸，对蛋白质的合成（转译）非常重要。RNA有三种形式——信使RNA（mRNA）、转移RNA（tRNA）和核糖体RNA（rRNA）。mRNA将特定蛋白质的遗传密码从DNA携带至蛋白质生产场所。本质上，mRNA是特定DNA片段的单链拷贝。复制这些信息的过程叫做转录。

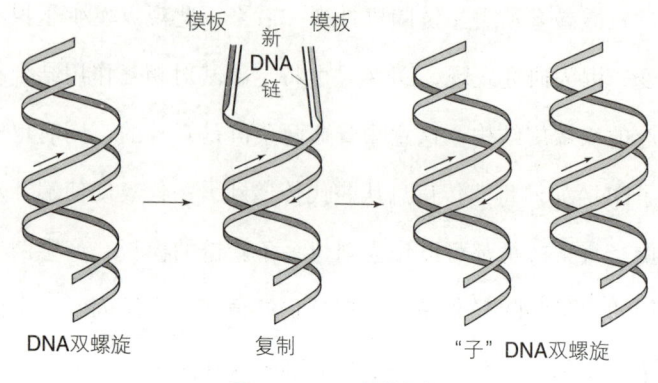

模板　新　模板
　　　DNA
　　　链

DNA双螺旋　　　复制　　　"子"DNA双螺旋

图3-12　DNA链的复制

　　tRNA作为分子适配器来解码mRNA上的三联体编码。在tRNA的一端有一组三个碱基（反密码子），可与mRNA（密码子）上的三个碱基配对。tRNA的另一端连接一个氨基酸，氨基酸的类型与反密码子有关。当tRNA具有正确的反密码子碱基时，它与mRNA上的密码子配对，就会带来由该密码子编码的氨基酸。

　　rRNA是核糖体的主要组成部分，核糖体是生产蛋白质的工厂。核糖体结合mRNA，协调并催化转译过程。每个核糖体附着在mRNA的末端，并沿着主链移动。这是因为无论任何时候都只有两个密码子暴露，只允许两个tRNA与核糖体结合。蛋白质一次只能形成一个氨基酸，生长中的蛋白质链从一个tRNA转移到另一个tRNA的氨基酸上。核糖体转化如图3-13所示。

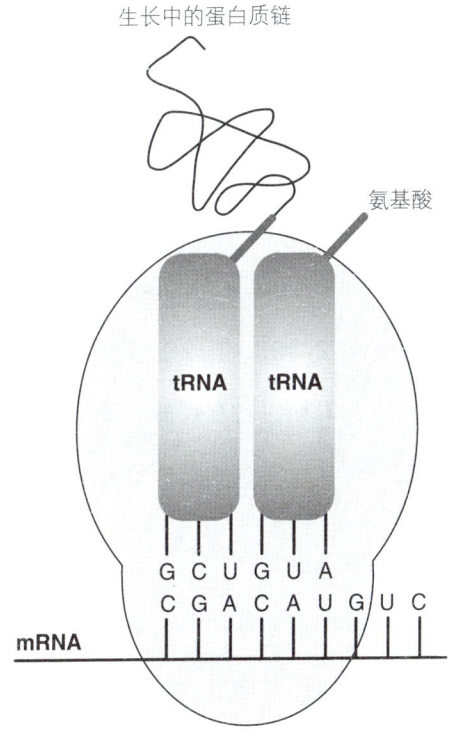

图3-13　核糖体转化

化学进化

19世纪80年代，查尔斯·达尔文（Charles Darwin）提出，生命所必需的有机化学物质可能是在一个"温暖的小池塘"中形成的。从那时起，有机化学家就开始推测生命的基本合成砌块是如何在生命开始前的10亿年内在地球上形成的。这就是化学进化或称前生命化学。

第一批认真研究化学进化的化学家是美国芝加哥大学的斯坦利·L. 米勒（Stanley L. Miller）和哈罗德·C. 乌里（Harold C. Urey）。1953年，他们设计了一个探索性实验，旨在模拟前生物时期可能存在的环境条件。他们提出，地球早期的大气层中含有甲烷和氨而没有氧气，氧气只有在植物生命出现后才产生。

米勒和乌里设计的实验使用一个装有水的圆底烧瓶模拟海洋，并使用甲烷、氨和氢的混合物模拟大气。将两个电极插入烧瓶，通入电流模拟闪电。闪电可以提供驱动气体分子反应所需的能量，形成的产物最终溶解在"海洋"中。

实验进行了一周后，二人对水进行分析，发现了一些自然界中存在的氨基酸。这一次简单的实验使许多科学家相信，生命不仅可以在地球上，也可以在宇宙的其他地方被创造出来。

随后的实验表明，使用热或紫外线辐射作为能量来源，也会发生类似的反应。使用不同的气体模拟大气，结果表明氧气会阻止氨基酸的形成。如果"大气"中有氰化氢，就会形成腺嘌呤。腺嘌呤是一种存在于几种生物化学品中的核酸碱基，这表明它可能在化学进化的早期就已经形成。事实上，腺嘌呤的结构完全由C—N片段组成，它可以来自五种氰化物分子（图3-14）。在"大气"中加入甲醛后，核糖就生成了。现在许多科学家认为，地球上生命起源前的大气中含有二氧化碳、一氧化碳和氮气，在这些混合气体中进行的米勒-乌里实验也产生了生命分子合成砌块。

另一种关于化学进化的理论是，生命的合成砌块是在深海热液喷口中形成的。这些喷口喷出前生物反应所需的各种化学物质，同时提供热量作为能量来源。此外，其所形成的产物将不受地球表面恶劣环境的影响，并有更多机会形成蛋白质和核酸等生物聚合物。

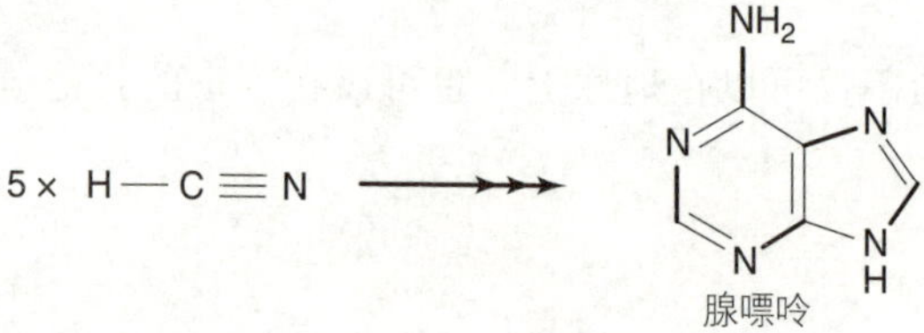

（a）腺嘌呤

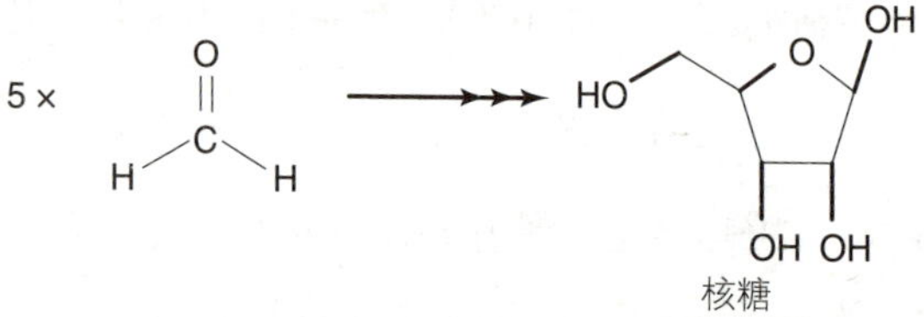

（b）核糖

图3-14 腺嘌呤和核糖的合成砌块

　　还有一种理论认为，生命的合成砌块是在外层空间合成的，然后被陨石雨带到地球。天体化学是化学的一个分支，它一直通过寻找外星有机分子来研究这种可能性。例如，人们已经探测到甲烷是木星、土星、天王星和海王星大气层的主要成分。美国国家航空航天局的"好奇号"探测器一直在火星表面寻找有机分子。2014年11月，欧洲航天局的"罗塞塔号"彗星探测器将机器人"菲莱"降落在一颗陨石上。最初的数据表明彗星大气层中存在有机分子。科学家还对土卫六（土星的卫星之一）的大气层中是否存在有机分子很感兴趣。"卡西尼号"探测器自2004年以来一直在绕着这颗卫星运行，现在科学家知道土卫六的大气中含有多环芳烃。土卫六的甲烷湖中也可能有含氮有机分子。然而，由于土卫六缺乏氧气，温度极低，生命进化不太可能发生。

在地球上，科学家用各种实验模拟外太空的环境，探索可能发生的合成反应。甲酰胺是已在外太空被大量探测到的简单有机分子。有一种可能是太阳风作用于陨石上的甲酰胺，因此发生化学反应。在模拟实验中，一束质子束照射到甲酰胺和陨石尘埃的混合物上，产生了各种生命的分子合成砌块。科学家对太空中最古老的球粒陨石特别感兴趣，相信它们可能有助于催化反应。如果这样的陨石把生命的化学合成砌块"播种"在其他行星上，就有可能在宇宙的其他地方发现和地球生命相似的分子。对陨石"播种"理论的反对意见是，当陨石进入行星的大气层时，有机分子是否耐得住高温。

进化的一个谜团是，氨基酸和碳水化合物的单一对映异构体是怎样成为蛋白质和核酸的首选合成砌块的？基于电子有左旋和右旋这一事实，维斯特-乌布利希（Vester-Ulbricht）假说认为，由左旋电子或右旋电子组成的极化辐射可能会更快地降解手性分子的一个对映异构体。这一假说有一些实验证据，然而，对于氨基酸或碳水化合物来说，这一假说尚未得到证实。

生命中的生物聚合物的进化

氨基酸、碳水化合物和核酸碱基可以在各种前生物条件下形成，但它们不能聚合成蛋白质和核酸。为了进行聚合，需要有某种形式的催化作用。在活体细胞中，DNA的合成是由蛋白质催化的，但这些蛋白质的合成依赖于DNA提供的遗传信息。这两个合成过程互相依赖。此外，生命依赖于一代代传递的遗传信息。这是怎么演变的呢？

一种理论认为，在前生物条件下形成的分子可以催化自复制。这个分子是早期的蛋白质还是DNA一直存在争议。然而，这两种可能性都存在问题。在简单分子氰胺的催化下，氨基酸可以连接形成多肽。在前生物条件下，甲烷和氨可以合成氰胺。当然，那时没有氨基酸连接在一起的顺序控制，也没有任何有用的肽复制过程。

就DNA而言，在前生物条件下，可以形成被称为寡核苷酸的短DNA链。这些分子可作为等同分子的模板，但它们太短，不能包含有用的遗传信息，而且没有前生物催化机制以促进它们的复制。

考虑到RNA在蛋白质合成中所起的核心作用，现在大多数科学家有理由推断，引发生命进化的关键分子是RNA。早期形成的RNA可能已经进化为合成相同复制品的模板。在这种情况下，RNA可能是遗传信息的原始存储分子。也有人提出，这种早期的RNA可能催化了自复制过程。最近的研究表明，一些RNA分子确实具有催化特性，这种分子叫做核酶。早期生命很可能依赖核酶来实现目前由DNA和蛋白质执行的功能。甚至还有科学家认为，当今细胞中的核糖体可能是从早期的核酶进化而来的。来自不同生物体的核糖体中心区域相似，这可能表明它们在38亿年前就有了共同的分子祖先。这个祖先很可能标志着从生命前化学到生命的关键转变。

蛋白质和核酸的利用

酶和核酸正越来越多地被应用于商业。例如，酶在实验室中被用于催化反应，以及和医药、农用化学品和生物燃料相关的多种工业过程。酶过去是从自然产物中萃取出来的，这一过程既昂贵又缓慢。如今，基因工程可以将关键酶的基因整合到快速生长的微生物细胞DNA中，高效快速地获得酶。基因工程也可以改进氨基酸使其形成酶。事实证明，这种改进的酶作为催化剂更有效，可接受的底物更广泛，可以适应更恶劣的反应条件。例如，改进的酶可以催化合成西格列汀（一种用于治疗糖尿病的药物）的关键步骤。天然酶就不能催化这个反应，因为涉及的底物太大，不能适应活性位点。基因工程技术可以提供具有较大活性位点的改进酶。

诺维信和杜邦等公司专门研发修饰酶。例如，生物洗衣粉中含有多种酶，可以催化去除由食物、血液或汗液引起的持久性污渍。蛋白酶可以切割蛋白质中的肽键，脂肪酶可以裂解脂质和脂肪中的酯基，淀粉酶可以降解淀粉，纤维素酶可以部分降解衣物中的纤维素纤维，以释放污垢颗粒。

新的酶在自然界和实验室中不断被发现。真菌和细菌都富含酶，能够降解有机化合物。据估计，典型的细菌细胞中含有约3 000种酶，真菌细胞中含有约6 000种酶。考虑到现有的细菌和真菌种类的多样性，它们将成为巨大的新酶库。

迄今为止，只有3%的酶得到了研究。在极端环境下生存的微生物是在恶劣条件下作用的酶的主要来源。例如，北极的微生物可以提供在室温下就有效的酶，避免了加热反应。一种在墓地中生长的微生物中有在高pH下起作用的蛋白酶，这种酶已被证实是洗涤剂中的有效添加剂。

包括淀粉酶在内的许多酶已经在乙醇等生物燃料的生产中起到了重要作用。这些酶催化了甘蔗和玉米中的淀粉和糖原的分解。但是，从粮食作物中生产生物燃料存在明显的弊端，这会使可销售的粮食变少，进而导致粮食价格上涨。更好的方法是利用废弃的植物材料。因此，科学家正在寻找能分解植物叶片和茎的纤维素酶。例如，诺维信公司生产出了混合纤维素酶Cellic，它可以用于生产生物乙醇。

酶在替代从石油中得到的多种试剂和化学品方面也能起到重要作用。例如，每年需要生产550万吨己二酸，它是合成尼龙的关键原料。石油一直是己二酸的传统的来源，但预计传统石油产量将在未来二十年内下降50%以上，而水力压裂生产页岩油并不是解决这个问题的长期方案。酶将在以替代来源生产这些重要化学物质方面发挥关键作用。

　　酶还有一些不寻常的应用。例如，将酶用作电池的组成部分。将酶连接在电极上，使用葡萄糖作为燃料。这些酶催化葡萄糖的氧化，产生转移到电极上的电子。据预测，这种电池可以为手机、心脏起搏器和其他小型设备提供动力。

　　其他类型的蛋白质也有潜在的应用前景。例如，鱿鱼、章鱼和墨鱼能伪装自己是使用了被称为反射素的蛋白质。如果蛋白质被磷酸化，就会导致红细胞反射光线，从而使生物体和周围环境融合。研究人员正在考虑使用类似过程来设计新的伪装材料。目前还在进行其他实验，研究基于这种技术生产的材料是否能反射热量。如果实验成功，就可以设计出可根据环境调节热量的智能服装。

　　几个科研团队一直在研究能够使生物体在冷冻条件下生存的蛋白质。例如，阿拉斯加甲虫的幼虫可以在-100℃下存活。科学家们发现，一些蛋白质可以作为天然的防冻剂，防止细胞内形成冰晶。这种蛋白质能"清除"微晶体冰，阻止它们长大。这种蛋白质还有潜在的商业用途。事实上，防冻蛋白质已经被用于冰淇淋，它们可以限制冰晶的体积，还可以产生光滑的纹理，使得脂肪更容易被切割。

大量的研究也着眼于DNA的应用。例如，人们认为DNA可以被用作数据存储系统。二进制系统都可以存储信息，何况DNA中有四个"字母"。科学家们曾将马丁·路德·金的演讲"我有一个梦想"存储在DNA系统中。加入DNA分子中的"字母"的数量可以通过合成的碱基对来增加。例如，被称为d5SICS和dNAM的碱基已经被设计并合成出来了，它们可以通过自身的疏水作用在DNA中形成碱基对。DNA实际上是一种非常稳定的分子，在南极冰核中曾发现有数百万年历史的细菌的DNA。

DNA的其他商业用途包括将DNA用于一些诊断设备，它们可以识别水中的金属、有毒气体、食物腐败或埃博拉病毒。DNA还可用作聚合物合成的模板。实验表明，DNA可与携带聚合物所需的单体分子的适配器结合。一旦适配器与DNA模板结合，聚合就会进行，释放出聚合物。这种方法已用于制备聚乙二醇。

现已发现鲱鱼精子的DNA可用于阻燃剂。当DNA被火降解时，它会产生氨，从而阻止氧气助燃。阻燃剂工业具有很大的市场。然而，许多传统的阻燃剂含卤素分子，不但对环境有害，而且对动物和人类都有毒性。如果该DNA能高效阻燃，它将具有资源丰富、天然存在和可生物降解的优点。

DNA也可以在锂硫电池的发展中发挥潜力。锂硫电池由锂金属阳极和碳硫阴极组成。当电池工作时，锂离子从阳极被释放出来，与阴极处的硫发生反应，形成多硫化物。电池充电则是这个反应的逆向过程。然而，当电池运行时，一些硫会从阴极中丢失，导致电池性能降低。DNA的核酸碱基和磷酸根对硫有很强的亲和力，科学家们认为在阴极上覆盖DNA可减少硫在电解质中的损失。

第四章
药物和药物化学

04

　　有机化学最重要的应用之一是药物的设计与合成，这是药物化学的主要内容，也是一门相对较新的学科。在20世纪60年代之前，药物的发现是一件非常偶然的事。数以千计的有机化合物在实验室中被合成出来，或从天然来源中被提取出来，人们希望它们具有药理活性。药物的成功发现更多是靠运气，而不是设计。从20世纪60年代开始，人们对药物如何起作用以及它们相互作用的靶点有了更深入的了解。生物学、遗传学、化学和计算机技术的进步使新药设计成为可能，而不用再依赖于反复试验。药物化学家是制药行业的关键参与者，因为他们在设计和合成药物方面都很专业。这两种技能是相互关联的，例如，设计不能合成的药物就没有任何意义。同样，如果成千上万种新型化合物几乎没有机会成为有效药物，那么将它们合成出来也是一种浪费。

探路时代

过去，人们依靠草药和萃取天然产物来治疗疾病。毫无疑问，这里起作用的主要是安慰剂效应，因为大多数古老疗法的效果往往并不明显。当然，其中一些还是很有效的。例如，各种鸦片制剂的镇静作用。几个世纪以来，人们一直知道柳树皮的提取物可以缓解发烧症状、疼痛和炎症。

19世纪，化学家从已知的草药和其萃取物中分离出化学成分。他们的目的是确定一种单一的化学物质，研究它的药理作用，也就是活性成分。例如，柳树皮中的活性成分是水杨酸。在19世纪分离出来的其他活性成分包括奎宁、咖啡因、阿托品、毒扁豆碱和茶碱。奎宁特别重要，因为它对治疗疟疾很有效。咖啡因和茶碱是在饮料中发现的。阿托品已被用于心血管药物和农药中毒的解毒剂，而毒扁豆碱可用于治疗青光眼。

不久之后，化学家们就合成了这些活性成分的类似物。类似物是对原来的活性成分略加改进的结构。这种改进通常可以改善药物活性或减少其副作用。这导致了先导化合物概念的提出，即一种有用的药理活性化合物，可以作为进一步研究的起点。19世纪末和20世纪初，人们还对全合成化合物的药理活性进行了研究，发现了全身麻醉剂、局部麻醉剂和巴比妥类药物。

20世纪上半叶，人们终于发现了有效的抗菌药物。20世纪初，保罗·埃尔利希（Paul Ehrlich）开发了对梅毒有效的含砷药物。早期的抗疟药物发现于20世纪20年代，磺胺类药物发现于20世纪30年代。最重要的进展是青霉素，发现于20世纪40年代。最初的青霉素是从一种真菌中分离出来的，这引发了第一次世界大战后几年间，在世界范围内对真菌培养物的大规模研究，这也导致了今天医学中使用的许多抗生素的开发。20世纪中叶是抗菌药物研究的黄金时代，也是医学上最重要的进步之一。在抗生素被发明之前，即使是简单的伤口也可能危及生命，像现今常规条件下开展的外科手术是完全无法实现的。

合理药物设计的发展

20世纪60年代，合理药物设计诞生。在此期间，有效抗溃疡药、抗哮喘药和治疗高血压的 β 受体阻滞剂的设计取得了重要进展。这是基于药物如何在分子水平上发挥作用的尝试，提出了一些有关化合物是否具有活性的理论。

20世纪末，生物学和化学技术的进步极大地推动了合理药物设计。通过人类基因组测序鉴定了以前未知的蛋白质，这些蛋白质可以作为潜在的药物靶点。例如，激酶近年来已被证明是新型抗癌药物的重要靶点。这些酶可以催化磷酸化反应，并在控制细胞生长和分裂中发挥关键作用。对病毒基因组测序能够鉴定病毒特异性蛋白，这些蛋白可以作为新型抗病毒药物的新靶点。自动化、小规模检测程序（高通量筛选）的进展也使对潜在药物进行快速检测成为可能。

在化学方面，X射线晶体学和核磁共振波谱学取得的进展，使科学家能够研究药物结构及其作用机制。强大的分子建模软件包，使研究人员能够研究药物是如何与蛋白质结合位点结合的。新的合成方法提高了化学家开发新化合物的能力。此外，自动合成大大增加了化学家在一定时间内合成化合物的数量。药物公司现在可以生产并储存数千种化合物用于测试其药物活性，这种积累被称为化学文库。药物公司对这些化合物进行常规测试，以确定其与特定蛋白质靶点的结合能力。在过去的二十多年里，这些进步促进了几乎所有医学领域的药物化学研究的发展。

药物的研究方式也发生了重大变化。在20世纪的大部分时间里，药物研究依赖于发现具有一定药物活性的先导化合物。然后合成数千种类似物，以寻找一个具有更高药效的化合物。多年后，分子靶标被发现，有助于更好地研究这些药物影响的生物机制。在这种方法中，先导化合物决定了研究的进程。

如今，大多数的研究项目都是通过选择潜在的药物靶点，如酶或受体来进行的。然后寻找与该蛋白质靶点相互作用的先导化合物。当然，仍有一些研究是从偶然发现的具有药理活性的化合物开始的。药物开发的典型过程通常遵循如图4-1所示的途径。其中，需要有机化学知识的阶段用黑体字标出。

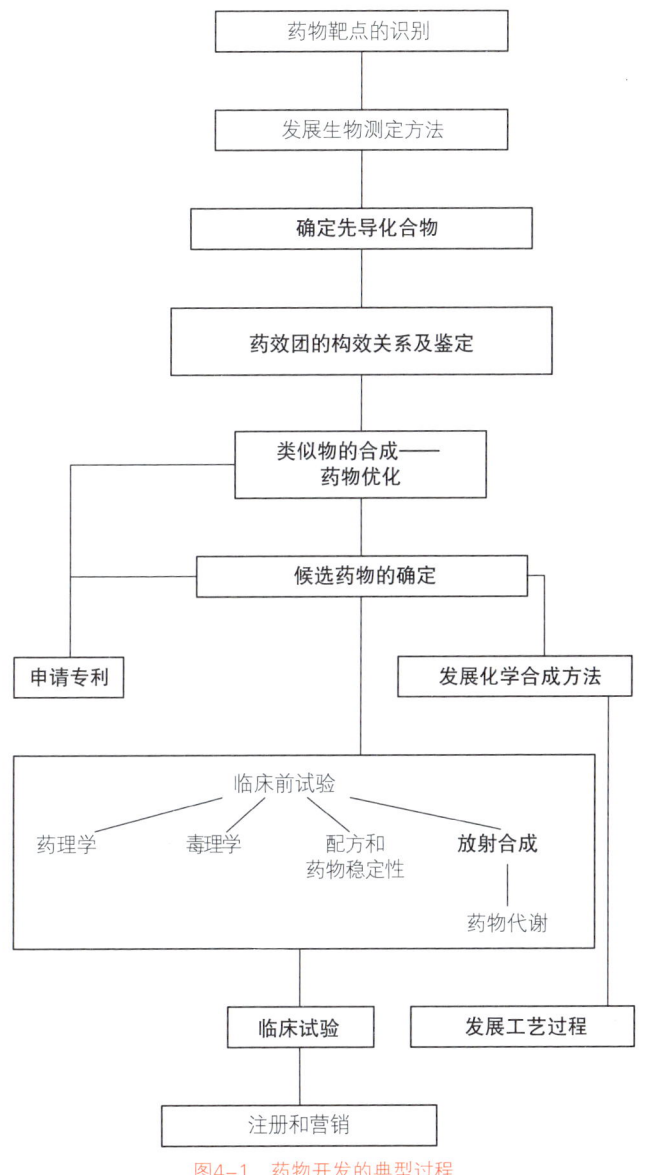

图4-1 药物开发的典型过程

药物靶点的识别

药物与体内的蛋白质和核酸等分子靶标相互作用。然而，绝大多数临床有用的药物是与蛋白质相互作用的，特别是受体、酶和转运蛋白。

可以将药物设计成与自然信使相同的方式激活受体，这种药物就是激动剂。或者，也可以设计药物阻断受体而不激活它，这种药物就是拮抗剂。受体拮抗剂有β受体阻滞剂普萘洛尔、抗溃疡药物西咪替丁和雷尼替丁。受体激动剂有抗哮喘药物沙丁胺醇和镇痛药物吗啡。

酶也是重要的药物靶点。与活性位点结合并阻止酶作为催化剂发挥作用的药物被称为酶抑制剂。酶抑制剂包括抗艾滋病毒药物沙奎那韦和抗高血压药物卡托普利。酶位于细胞内，因此酶抑制剂必须穿过细胞膜才能起作用，这是药物设计中的一个重要因素。如果酶抑制剂不能穿过细胞膜，那么就没有必要设计它了。

转运蛋白是许多重要治疗药物的靶点。例如，有一类被称为选择性血清素再吸收抑制剂的抗抑郁药物可以阻止血清素通过转运蛋白转移到神经元中。因此，血清素水平增加，起到了可观察到的抗抑郁作用。

生物测定和药物检测

生物测定是一种用于确定药物是否与蛋白质靶点相互作用的测试。对目标分子或细胞培养物进行体外试验。例如，可以用纯化酶在试管中测试酶抑制剂，看看它们是否能阻止酶催化特定的反应。体外试验可以实现自动化，在很短的时间内快速测试数千种化合物。这个过程被称为高通量筛选。这些试验是确定药物是否与分子靶标相互作用以产生特定药效的理想方法。药物与目标分子靶标结合并产生作用效果被称为药效学。

体内生物测定是在生物体内进行的，其与体外生物测定互补。体内试验测试的是药物是否产生生理作用，如镇痛或降低血压。体内试验还可以检测药物在注入机体后是否能到达目标分子靶标。影响药物到达目标分子能力的一系列因素被称为药物代谢动力学。

药物代谢动力学主要的影响因素是吸收、分布、代谢和排泄。吸收口服药物量与有多少药物能在消化酶中存活下来并通过肠壁到达血液有关。一旦到达血液,药物就会被带到肝脏。在肝脏中,药物会按一定比例被代谢酶代谢。这就是首过效应。然后,"幸存者"随着血液供应遍布全身,但并不是均匀分散到身体的各个部位,而是血液供应最丰富的组织和器官获得药物的比例最大。有些药物可能会"受困"或被"截留"。例如,脂肪药物往往会被脂肪组织吸收,而无法达到其目标分子靶标。肾脏主要负责药物及其代谢物的排泄,它极易排泄极性分子。

体内试验有时可以识别出体外试验未能发现的意外活性。例如,偶氮磺胺在体内具有抗菌活性,但在体外无此活性。这是因为偶氮磺胺本身是无抗菌活性的,在体内代谢为活性磺酰胺。以这种方式起作用的化合物被称为前药。

最后,体内试验可以检测到体外试验无法观察到的副作用,这表明该药物会有意想不到的应用。例如,抗阳痿药物西地那非最初是作为降压药物进行测试的,在早期的临床试验中发现它具有抗阳痿作用。

先导化合物的确定

先导化合物是一种可以和目标分子靶标相结合的化学结构。它可能结合得不是很强，也可能没有特别好的活性，但它能与目标分子靶标结合意味着它可以作为进一步研究的起点。药物化学家可以"调整"其结构，找到结合力更强、活性和选择性更好的类似物。

先导化合物可以从自然界和实验室中获得。从古至今，自然界一直是新型先导化合物最丰富的资源库。然而，寻找它们的过程成败难料，且通常很缓慢。如今，人们更强调通过合成或合理的设计得到先导化合物。

构效关系与药效团

确定一个先导化合物，关键是确定该化合物的哪些特征对活性重要。反过来，这样也可以更好地理解化合物如何与目标分子靶标结合。

大多数药物都明显小于蛋白质等分子靶标。这意味着药物会与蛋白质中相当小的区域结合，这个区域就是结合位点。在结合位点内，结合区域是以不同类型的分子间作用，如范德华相互作用、氢键和离子作用结合在一起的。如果药物有能与这些结合区域相互作用的官能团和取代基，结合就可以发生。

先导化合物可能有几个能够形成分子间相互作用的基团，但并不需要有所有结合基团。鉴定重要结合基团的方法之一是使目标蛋白与结合位点结合的药物结晶。然后利用X射线晶体衍射生成一个完整的图像，辨别结合的作用类型。然而，目标蛋白的结晶并非易事，因此需要替代方案——合成先导化合物的类似物，改良或去除其中的基团。对比每个类似物与先导化合物的活性，就可以确定特定基团是否重要。这个方法被称为SAR研究，其中SAR（structure-activity relationship）代表结构与活性关系。

一旦确定了重要的结合基团，就可以定义先导化合物的药效团，也就确定了重要的结合基团及其在分子中的相对位置。药效团可以通过重点突出化合物上的结合基团来表示。例如，雌二醇的药效团（图4-2）由三个官能团组成：酚羟基、芳香环和醇羟基。四环结构作为一个刚性支架，将重要的结合基团固定在适当的位置上，使它们与目标结合位点同时相互作用。

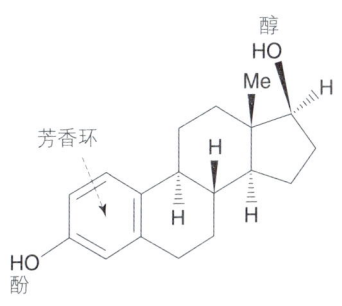

图4-2 雌二醇的药效团

识别雌二醇等刚性分子的药效团相对简单，但确定柔性化合物重要结合基团的相对位置很难，因为药物分子可以呈现出不同的形状（构象）（图4-3）。例如，多巴胺（大脑中一种重要的神经递质）的结合基团是两个酚羟基、芳香环和带电的胺基。酚羟基和芳香环的相对位置很容易确定，因为这是分子的刚性部分。但带电胺基的位置很难固定，因为侧链中的键可以旋转，产生大量的构象。与结合位点结合最有效的构象将使带电胺基以特定的方式定位，这种构象被称为活性构象。其他构象的结合效率较低。

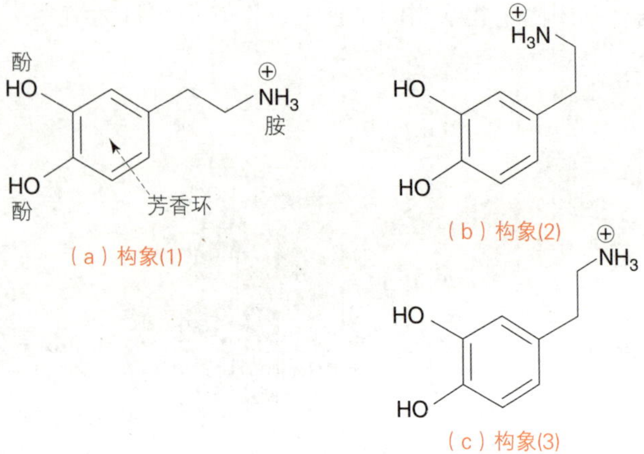

图4-3　多巴胺的不同构象

　　改善柔性先导化合物活性构象的方法是合成刚性类似物，其中的结合基团被锁定在确定的位置，这被称为硬化或构象限制。然后，药效团将用最活跃的类似物来表示。例如，如图4-4所示的结构是多巴胺的刚性类似物，在其结构中具有特定的多巴胺构象。粗体键突出显示了多巴胺中的三碳链。如果能证明其中一种类似物的药物活性比其他类似物更高，就可以用来确定活性构象和药效团。

　　大量的可旋转键很可能会对药物活性产生不良影响。柔性分子有大量的构象，但只有一种形状对应于活性构象。如果分子以非活性构象进入结合位点，它就会不结合而离开。

事实上，柔性分子在采用适当的活性构象进行结合之前，可能多次进入和离开结合位点。相比之下，含有所需药效团的完全刚性分子将在第一次进入结合位点时结合，从而产生更好的活性。

（a）类似物(1)　　（b）类似物(2)　　（c）类似物(3)

图4-4　多巴胺的刚性类似物

药物设计和药物优化

药物优化包括设计和合成先导化合物的类似物，以找到具有高活性、选择性和药物代谢动力学的药物。结合了目标蛋白先导化合物的晶体结构将极大地促进药物开发，这个过程被称为基于结构的药物设计。培养出目标蛋白结晶并不容易。幸运的是，许多成熟的设计策略可以帮助药物化学家决定哪些类似物值得合成。前文提到设计模拟先导化合物的活性构象的刚性类似物策略。另一种策略是在结构中添加额外的基团，这些基因可以与未被先导化合物占据的结合位点发生额外的结合。

　　优化药物的药物代谢动力学特性，使其能够到达体内目标点，其策略包括改变药物的亲水性或疏水性以提高吸收，以及添加取代基来阻断分子在特定部位的代谢。

候选药物和专利

　　药物优化过程产生了大量化合物，其中几种可以作为临床前试验和临床试验的候选药物。决定继续研究哪一种候选药物涉及几个因素。首先，候选药物必须具备有用的活性和选择性，且副作用极小。其次，它必须有良好的药物代谢动力学特性，无毒性，与患者服用的其他药物无相互作用。最后，它的合成成本较低，可使利润尽量最大化。因此，如果在两种活性相似的化合物之间做选择，那么很可能是通过确定哪一种化合物合成起来更经济来决定。

　　一旦确定了一种看起来很有前景的药物，就需要申请专利，这样研发公司就可以拥有独家营销权。申请专利是在药物开发过程的早期阶段进行的，由于临床前试验和临床试验需要花费不少时间，因此取得的专利权将会损失几年的时间。

申请药物专利可能会陷入伦理困境，因为发展中国家的大多数人都负担不起这些药物。为了解决这个问题，世界贸易组织的《与贸易有关的知识产权协定》（TRIPS）允许各发展中国家政府为制造可能挽救生命的药物颁发强制性许可证。这使得一些国家可以绕过专利法规，为本国公民生产急需的药物。但是一些国家夸大了危及生命条件的范围。例如，2012年，印度对索拉菲尼实行了强制性许可，它是一种延长生命而不是拯救生命的抗癌药物。这引起了人们的担忧，即制药公司可能会停止在癌症或热带疾病等治疗领域的药物开发。

化学和工艺开发

一旦确定了候选药物，就需要进行大量的药物合成工作，为临床前试验和临床试验提供足量的药物，这被称为化学开发。开发化学家的任务很重，他们需要尽快生产出大量的药物，同时保证每批产品的质量。这一点至关重要，因为临床前试验和临床试验要求不同批次产品纯度恒定。否则，就无法平行比较这些测试。化学开发过程并不仅仅是扩大原合成的规模。反应可能需要优化，或完全改变以提高产率。事实上，最终的生产合成可能与最初的研究合成完全不同。

临床前试验和配方

临床前试验包括测试候选药物的选择性、毒性和副作用。大部分工作都是由毒理学家、药理学家和生物化学家完成的。然而，有机化学家需要合成含有放射性同位素的药物样品，如^{14}C。这种放射性标记的化合物被用于监测药物在体内试验期间的分布和代谢。

药物配方涉及药剂师和药物化学家，他们负责确定如何以最佳的方式储存和管理药物，例如将药物制成药丸或胶囊。

临床试验和监管事务

临床试验是临床医生的职责。临床试验分为四个阶段，第一阶段由一小群健康的志愿者参加，后几个阶段由患者参加。临床试验是药物上市过程中成本最高和耗时最长的环节，许多药物都在这个过程中失败了。这可能是因为它们不够有效，或它们会产生不能接受的副作用。

在美国和欧洲各国，美国食品药品监督管理局和欧洲药品管理局等监管机构会监督这一过程，在该药物最终上市前必须获得批准。

药物未来

自20世纪80年代以来，医学界在治疗曾经被认为是无法治疗的疾病方面取得了重大进展。例如，受治疗艾滋病毒需求的启发，人们在设计有效的抗病毒药物以及治疗各种癌症方面均取得了重大进展。在这方面，一类名为激酶抑制剂的药物开发尤为重要。然而，仍有一些疾病无法被医治。阿尔茨海默病或帕金森病还没有治愈方法，而找到这些疾病的治疗方法是未来的重大挑战。大多数已进入临床试验阶段的治疗阿尔茨海默病的药物都失败了。2002—2012年，在414项临床试验中共测试了244种新化合物，但只有一种药物获得了批准。这意味着治疗阿尔茨海默病药物的失败率约为99.8%，而抗癌药物的失败率为81%。

另一个担忧是抗药菌株的增加。一些菌株（如金黄色葡萄球菌）因其相对较高的突变率而对抗菌药物产生了抗药性。例如，20世纪60年代，金黄色葡萄球菌株对早期的青霉素产生了抗药性。可以对抗这些菌株的新青霉素甲氧西林的出现，避免了这场危机。但现在已发展出对甲氧西林有抗药性的菌株（耐甲氧西林金黄色葡萄球菌）。其他问题感染包括多种抗药结核病和粪肠球菌。因此，继续寻找新型抗菌药物非常重要。

目前有几种寻找新抗菌药物的方法。例如，葛兰素史克制药公司目前正在研究抑制多肽脱甲酰酶的化合物。也有人建议，研究应该从寻找治疗各种感染的新广谱抗菌药物转向设计针对特定感染的药物，因为临床证明广谱药物更容易产生抗药性。结合了一些作用于不同靶点的"窄谱"药物疗法可能会有效，因为该组合中的所有药物几乎不太可能产生抗药性。

因为研发新药物的成功率相对较低，所以近几十年对抗菌药物的研究呈放缓趋势。此外，任何新药物都有可能被列入储备名单以供考察，以降低抗药性产生的机会。因此，制药行业不太可能从设计新药所需的巨额研究投资中获得可观的经济回报。各个国家组织和世界组织已经意识到这些风险，并警告各国政府需要进行更多的研究。2014年4月，世界卫生组织宣布，需要在全球范围内采取紧急、协调的行动，以阻止世界进入后抗生素时代——细菌感染可能再次变得无法治疗，甚至最轻微的伤口也可能致命。

抗生素抗药性现在被视为一颗嘀嗒作响的定时炸弹，它像气候变化一样对文明构成严重威胁。解决这一威胁可能需要政府、制药公司和学术机构的相互协调和资金合作。幸运的是，各国政府现在已经认识到这种威胁，并引入了新的举措鼓励合作研究。

兽药开发

用于设计人类药物的策略也同样可以应用于兽药的开发。兽药通常不同于人类药物，因为动物有不同的生化和代谢系统。对人类安全的化合物可能对动物有害。例如，可可碱是巧克力的一种成分，对狗有毒，但对人类无毒。"狗狗巧克力"配方必须不含可可碱。

不同的动物物种也可能需要不同药物治疗特定的疾病。

农场动物的药物问题更为棘手，因为该药物最终可能会出现在人类的食物中。因此，农民在屠宰或挤奶之前应提前多久用药的规定十分必要。2013年，欧洲肉制品可能含有兽药残留的问题引起了人们的担忧。例如，保泰松是一种用于马的抗炎药，但会使人类产生不良反应。

另一个问题是在兽药中使用抗菌药物，这可能会提高抗菌药物抗药性的流行风险。因此，动物最好不使用人类药物。有争议的是，青霉素和头孢菌素等抗生素已用于促进动物生长，许多国家正在通过立法禁止这种做法。

在兽医实践中使用的每种药物都被批准用于特定的物种，这意味着被批准用于狗的药物并不一定被批准用于猫。治疗狗的药物还与狗的品种有关。一些品种的狗比其他狗更容易患上某些疾病，而且在药物代谢方面也可能存在差异。例如，抗寄生虫药伊维菌素已被批准用于狗，但被证明对牧羊犬有毒。就牲畜而言，美国有688种兽药可用于牛，其中大多数用于治疗感染或炎症。甚至还有可用于蜜蜂的药物。瓦螨是导致蜂群崩溃紊乱的因素之一，会令工蜂突然从蜂巢中消失。这类螨虫可以用拟除虫菊酯和有机磷农药处理，但轻度感染病症则需要用抗生素土霉素来治疗。

药物滥用

一些曾经被誉为医学突破的药物现在被归类为滥用药物。例如,海洛因在19世纪末开始销售,用作止痛药。但是,没有人预料到它能令人上瘾。同样地,西格蒙德·弗洛伊德也提倡使用可卡因作为抗抑郁药,直到它的成瘾性显现出来。精神活性药物LSD最初是作为药物引入的。在20世纪70年代,精神活性药物MDMA同样用作心理治疗的辅助手段,而它便是现在的"摇头丸"。

这些药物的研发初衷都是好的,但现在一些没有道德的化学公司正在故意设计滥用药物,例如,与安非他明作用相同的兴奋剂。因为它们是新型结构,所以并不违法,只要不宣传供人类服用就可以合法销售。实际上它们被广告宣传为浴盐、植物肥料或窗户清洁剂。

这类设计药物被贴上了"合法兴奋剂"的标签,这可能会误导消费者,认为它们是合法的。然而,这些药物都没有经过药物所需的临床前试验和临床试验。任何服用它们的人都在用自身健康或生命做赌注。当英国政府决定查封并禁止"血清素"之前,仅在英国就造成了37人死亡。服用兴奋剂甲氧麻黄酮也致42人死亡。

然而，识别新型毒品需要时间，而将它们定性为非法需要更长的时间。当一种兴奋剂被禁止时，生产该产品的公司通常已经修改了其结构，并引入了另外一种新的兴奋剂。例如，"象牙波"（Ivory Wave）是作为浴盐出售的，其中含有精神活性化合物亚甲二氧基丙二烯酮。当这种化合物被禁止时，它被类似的结构萘基吡咯戊酮所代替。当这又被禁止时，又被脱氧哌拉酮所代替。脱氧哌拉酮比前两种化合物更强效。

近十几年来，这个问题越来越严重。2009年，欧洲共有24种在售"合法兴奋剂"，但到2013年，这一数字已上升到81种。合成大麻素的数量也有所上升，2012年致9人住院治疗。

英国政府通过一项法律，禁止生产任何能够产生精神活性作用的物质，而不只是禁止已出现的化合物。然而，这可能会推动市场转入地下。此外，对精神活性药物的正式研究可能会因需要政府许可而受到限制。如果化学品供应商觉得有义务停止销售用于合成兴奋剂的化学品，那么可能会产生更广泛的后果，将对许多合法的研究项目产生不利影响。

第五章

农 药

农药是农用化学工业生产的有机化学品，用于提高农作物产量和防治作物疾病，包括杀虫剂、杀菌剂和除草剂。事实证明，农药对提高全球人口的粮食产量至关重要。如果没有农药，粮食生产只能通过增加种植作物的土地面积来维持，但这意味着要将世界上大部分的草原、林地、草地和草场转为农业用地，这将对生物多样性产生不利影响，并对生态系统造成不可预测的影响。

对传统农药影响的关注促进了人们对更安全和更环保的农药的设计研究——这个责任落在有机化学家的身上。开发一种新的农药需要大约10年时间和约14.49亿元，只有大公司才能负担得起这样的投资水平。农用化学品是一个巨大的全球市场，有几家专门从事农用化学品生产和研究的公司。在2002年至2012年的十年间，农用化学品全球销售量增长了

47%。2012年，总销售额达2 796亿元。规模最大的农用化学品市场分别是巴西、美国和日本。

农用化学品研究在许多方面与药品研究相似。农用化学品研究的目的是寻找对害虫具有毒性，但对人类和有益生命形式相对无害的农药。实现这一目标的策略也与药品研究相似，即通过设计选择性地与害虫而不是其他物种中的分子靶标相互作用的药剂来实现。另一种方法是利用害虫所特有的代谢反应，设计一种无活性的前药，其在害虫体内被代谢成有毒化合物，但在其他物种中仍然无害。还可以利用害虫和其他物种之间的药物代谢动力学差异，使农药在害虫体内更容易达到其目标。

杀虫剂

在第二次世界大战之前，人们只有天然杀虫剂可用。在古希腊，硫磺被用来防治害虫，现在一些地方仍在使用这种方法。1690年，有报道称烟草提取物能有效地防治害虫。19世纪初，其他植物提取物也被用于杀虫，如菊花中的除虫菊酯和鱼藤根中的鱼藤酮。近些年，一种来自印棟的印度植物提取物也被证明可以有效杀虫。这些提取物中具有杀虫活性的成分已被确认为烟草植物中的烟碱、菊花中的除虫菊酯和印楝中的印楝素。

天然产品的可用性、选择性和有效性都很有限。因此，直到合成杀虫剂的出现，才有了工业规模的强效的、有选择性的和价格实惠的杀虫剂。早期的合成杀虫剂包括有机氯类、甲基氨基甲酸酯类、有机磷酸酯类、除虫菊酯类、拟除虫菊酯类和新烟碱类。一般来说，这些药剂都是强效的，对昆虫而不是哺乳动物有选择性的毒性。然而，它们对环境和其他生命形式的累积影响在当时并没有被充分预测。现在它们中的大部分已被选择性更强、对环境更友好的杀虫剂所取代。

有机氯类杀虫剂

有机氯制剂是最早进入市场的合成杀虫剂，第一个品种是滴滴涕（DDT）[图5-1（a）]。滴滴涕是在1874年首次合成。然而，它作为杀虫剂的特性直到1939年才被发现，当时人们发现它对蚊子、蜱虫和蝗虫有效。第二次世界大战期间，军方将其用于防治东南亚的疟疾和东欧的斑疹伤寒。战后，滴滴涕在消除欧洲和北美洲的疟疾方面发挥了重要作用，使得人们一度希望它可以在全世界范围内消除疟疾。但是，多数热带地区出现了对这种化学品的抗药性。

不过，滴滴涕拯救了大量的生命，使人们免于感染如疟疾、黄热病和昏睡病等由昆虫传播的疾病。据估计，20世纪40年代至60年代，被拯救的生命数量达到了5亿。因此，1948年诺贝尔生理学或医学奖授予了发现滴滴涕杀虫特性的保罗·穆勒。

除了防治疾病以外，滴滴涕还被广泛用作农业杀虫剂，年平均产量约为4万吨。滴滴涕对昆虫有很强的毒性，但对哺乳动物的毒性却低得多。事实上，滴滴涕对人类的致死剂量相当于处理4 000平方米土地所需的用量。尽管滴滴涕在拯救生命和提高作物产量方面的优势毋庸置疑，但仍避免不了对环境产生严重影响。这是由于滴滴涕是一种相对稳定的分子，它在环境中可以不断累积。而且，滴滴涕在自然界中是疏水性的，很难溶于水，但很容易溶解于野生动物的体内脂肪。后来的研究表明，野生动物体内的滴滴涕浓度沿动物食物链富集，对捕食性鸟类的破坏力尤其大。滴滴涕被认为是美国白头鹰和游隼濒临灭绝的罪魁祸首，因为人们发现滴滴涕会导致蛋壳变薄。这些脆弱的鸟蛋往往在孵化前就已破损，造成鸟胚胎死亡。

美国于1972年禁止滴滴涕在农业上使用，英国于1984年效仿。《斯德哥尔摩公约》于2004年在全球范围内禁止使用滴滴涕，但如果昆虫可能对人类健康产生危害时，仍然允许将滴滴涕用于消灭这些昆虫。例如，印度仍在使用滴滴涕控制疟疾。

有机氯类杀虫剂的另一个示例是艾氏剂[图5-1（b）]。与滴滴涕一样，艾氏剂含有几个氯原子，是一个疏水性的分子，但它的碳骨架完全不同于滴滴涕，是一个复杂的多环体系。

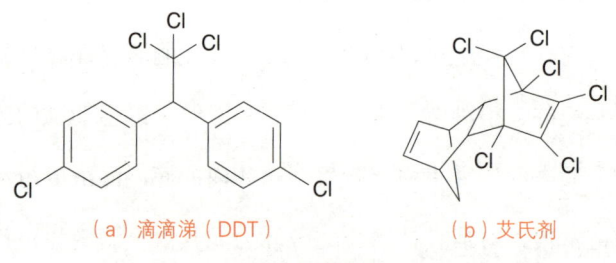

（a）滴滴涕（DDT）　　　　　（b）艾氏剂

图5-1　有机氯类杀虫剂

有机氯类杀虫剂作用于离子通道，能导致神经传输中断、痉挛和死亡。滴滴涕作用于钠离子通道，而艾氏剂及其类似物作用于氯离子通道。因为它们作用于不同类型的离子通道，所以对滴滴涕的抗药性不会导致对艾氏剂的交叉抗药性。当突变改变了目标离子通道的氨基酸时，就会产生抗药性，反过来又削弱了与杀虫剂的结合。

甲基氨基甲酸酯类和有机磷酸酯类杀虫剂

甲基氨基甲酸酯类和有机磷酸酯类杀虫剂是在有机氯类之后开发的。甲基氨基甲酸酯类杀虫剂的设计基于天然产物毒扁豆碱[图5-2（a）]，这是一种在毒扁豆中发现的毒物。胺甲萘（西维因）[图5-2（b）]是一种类似物。毒扁豆碱抑制乙酰胆碱酯酶，该酶能催化神经递质乙酰胆碱的水解（图5-3）。

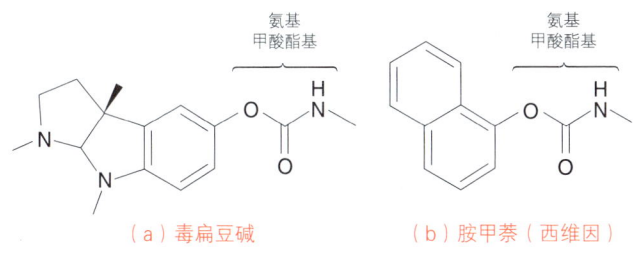

（a）毒扁豆碱　　　　　（b）胺甲萘（西维因）

图5-2　毒扁豆碱和胺甲萘（西维因）

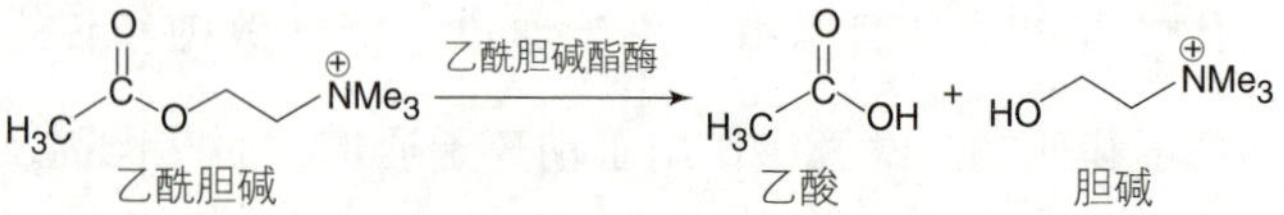

图5-3　乙酰胆碱酯酶催化乙酰胆碱的水解

当该酶被抑制时，乙酰胆碱增加，会过度刺激昆虫神经系统中的蛋白质受体，导致昆虫中毒和死亡。乙酰胆碱酯酶也存在于人类体内，因此，甲基氨基甲酸酯类杀虫剂对昆虫体内的乙酰胆碱酯酶具有选择性毒性非常重要。毒扁豆碱本身不具有这种选择性，但胺甲萘具有选择性。

有机磷酸酯类杀虫剂也可靶向乙酰胆碱酯酶，并作为不可逆抑制剂发挥作用。一些有机磷酸酯的毒性太强，不能用作杀虫剂。事实上，有几种已经在化学战争中被用作神经毒剂，包括沙林、塔崩、梭曼、异氟磷和VX。毒剂占据了酶的活性位点，然后与丝氨酸残基反应。一个磷酸基团从神经毒剂转移到丝氨酸残基上，并对其进行"封盖"，使其不能再催化乙酰胆碱的水解（图5-4）。

考虑到神经毒剂的毒性，设计一种安全的有机磷杀虫剂似乎是一项艰巨的挑战。事实上，设计出只在昆虫体内代谢为活性化合物的前药便可以完成这项挑战。对硫磷、马拉硫磷和毒死蜱（图5-5）是含有P=S基团的杀虫剂。因此，它们对乙酰胆碱酯酶没有直接作用。然而，昆虫有一种代谢酶，可以将P=S基团改变为P=O基团。由此产生的神经毒剂就可以抑制乙酰胆碱酯酶。

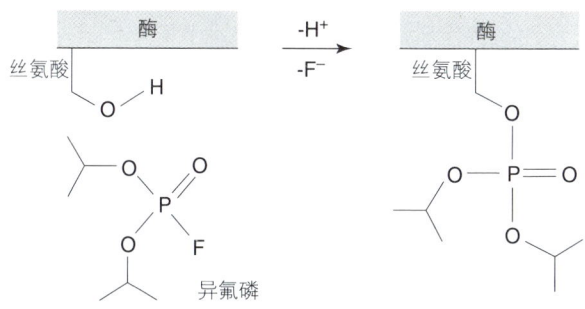

图5-4　异氟磷与乙酰胆碱酯酶活性位点中丝氨酸残基的反应

（a）对硫磷　　　　　　（b）马拉硫磷

（c）毒死蜱

图5-5　用作杀虫剂的有机磷酸盐原药

在哺乳动物体内，这些杀虫剂被不同的酶代谢，产生无活性的化合物，然后被排泄出来。尽管如此，有机磷酸酯类杀虫剂并不完全安全，如果不小心处理，长期接触就会导致严重的副作用。它们对野生动物也有累积的毒性作用，因此，低毒性的替代药剂现在更受青睐。

除虫菊酯类和拟除虫菊酯类杀虫剂

除虫菊酯是一种植物提取物，是通过在水中粉碎菊花而获得的天然产物。这种提取物多年来一直被用作杀虫剂和驱虫剂，据说中国人早在公元前1 000年就开始使用这种产物了。据报道，法国士兵在拿破仑战争期间使用菊花来驱除跳蚤和虱子。到目前为止，人们鉴定出六种结构非常相似的除虫菊酯（图5-6）。和滴滴涕一样，它们与昆虫神经系统中的钠离子通道结合，能导致昆虫瘫痪和死亡。除虫菊酯的一个潜在问题是，它们与滴滴涕的作用对象相同。这意味着对滴滴涕产生抗药性的害虫往往也对除虫菊酯产生抗药性，这是交叉抗药性的一个示例。

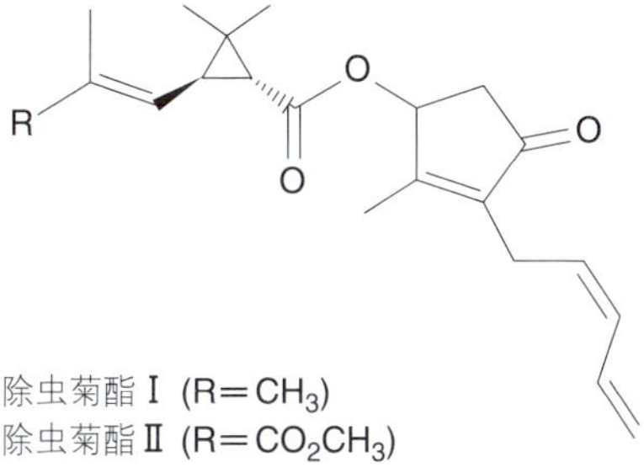

除虫菊酯Ⅰ (R＝CH₃)
除虫菊酯Ⅱ (R＝CO₂CH₃)

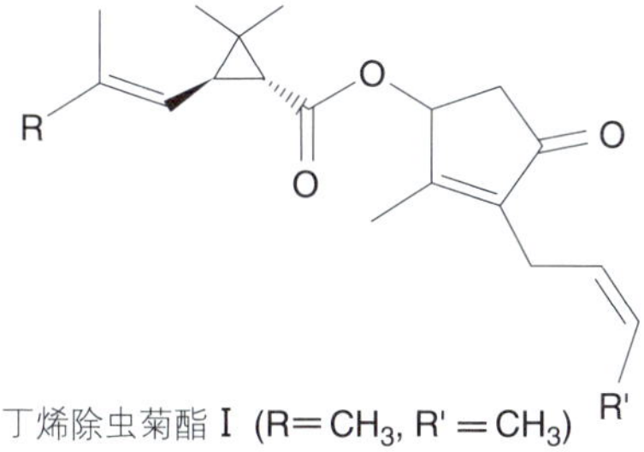

丁烯除虫菊酯Ⅰ (R＝CH₃, R'＝CH₃)
丁烯除虫菊酯Ⅱ (R＝CO₂CH₃, R'＝CH₃)
茉莉菊酯Ⅰ (R＝CH₃, R'＝CH₂CH₃)
茉莉菊酯Ⅱ (R＝CO₂CH₃, R'＝CH₂CH₃)

图5-6　除虫菊酯的结构

　　除虫菊酯与合成添加剂增效醚或增效菊（图5-7）结合使用，可使除虫菊酯对更多的昆虫有效，包括那些通常具有抗药性的昆虫。这是因为合成添加剂抑制了昆虫体内通常会使除虫菊酯代谢和失活的酶。这种能够增强另一种药剂活性的药剂被称为增效剂。增效剂的一个缺点是，它可能会潜在地抑制哺乳动物的代谢酶，提高其对毒素的敏感性。

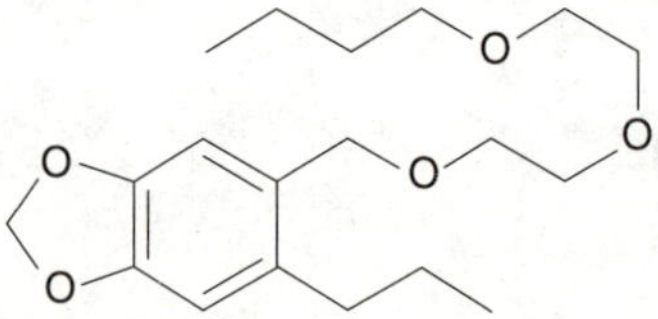

（a）增效醚（胡椒基丁醚）

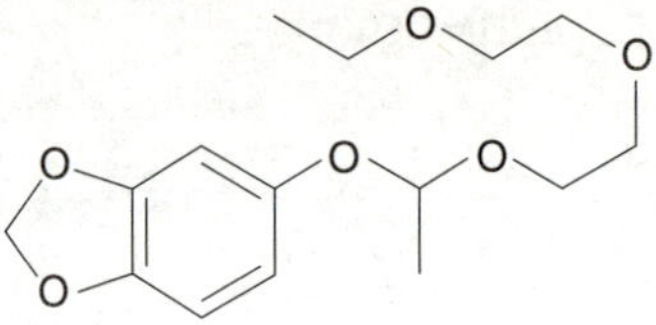

（b）增效菊

图5-7　增效剂

　　除虫菊酯类杀虫剂被认为是市场上最安全的杀虫剂之一。因此，一些家用杀虫剂均含有除虫菊酯。它们在遇光或遇氧时可被生物降解（与滴滴涕不同），并形成无害的产物。但是，除虫菊酯对蜜蜂有害，因此应在夜间蜜蜂不授粉时使用。

　　拟除虫菊酯类杀虫剂是除虫菊酯类杀虫剂的合成类似物，在20世纪50年代被引入以代替有机氯类杀虫剂。它们不像除虫菊酯那样可以被生物降解，这使得它们作为杀虫剂更加有效，但这也使得它们更容易在环境中累积。一些商业杀虫剂和洗发水同时含有除虫菊酯和拟除虫菊酯，使用它们有一定的风险，特别是在引发过敏方面。合成拟除虫菊酯包括苯醚菊酯和氯氰菊酯（图5-8）。

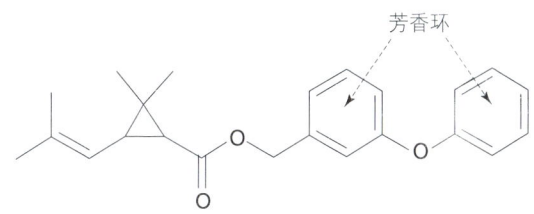

（a）苯醚菊酯（吩斯啉）

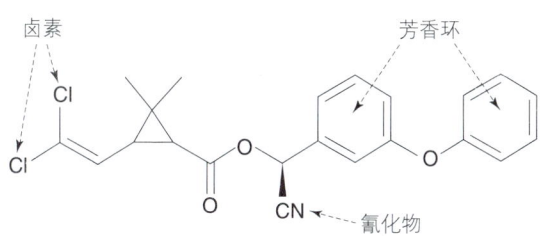

（b）氯氰菊酯

图5-8　拟除虫菊酯

新烟碱类杀虫剂

烟碱具有杀虫特性，因为它激活了一种叫做烟碱受体的胆碱能受体。因此，神经受到过度刺激而产生毒性作用。尽管烟碱曾经以烟草提取物的形式被用作杀虫剂，但它不像合成杀虫剂那样有效，而且在昆虫的胆碱能受体和哺乳动物的胆碱能受体之间显示出较差的选择性。化学家合成了一大批结构相关的类似物，试图找到选择性更强的化合物，但没有成功。直到一种结构上不相关的先导化合物被发现，才得以开发出强效和具有选择性的药剂。这些药剂也与烟碱受体结合，并被称为新烟碱类杀虫剂。

新烟碱类杀虫剂的开发始于1970年，并最终导致了吡虫啉的开发（图5-9），其活性比烟碱高约1万倍。该化合物于1985年获得专利，并于1991年投放市场。这种化合物非常成功，第一年的销售额便达71.2亿元，很快成为世界上使用最多的杀虫剂之一。它的发展被认为是杀虫剂研究中的一个里程碑。除了用作农业杀虫剂外，它还被用于兽医诊所，以控制蜱虫和跳蚤。此后还有其他几种新烟碱类杀虫剂被开发出来，使这类杀虫剂成为市场上最重要的一类。

乙酰胆碱、烟碱和吡虫啉具有共同的结构特征，这些特征对于这些药剂与受体结合位点的结合非常重要。它们都含有一个带正电或略带正电荷（δ+）的氮，可通过离子作用与受体结合位点相互作用。此外，它们都包含一个略带负电荷（δ-）的原子，可与结合位点形成氢键。因为疏水性的氯取代基适合于结合位点的疏水性空腔，所以吡虫啉可形成额外的结合。

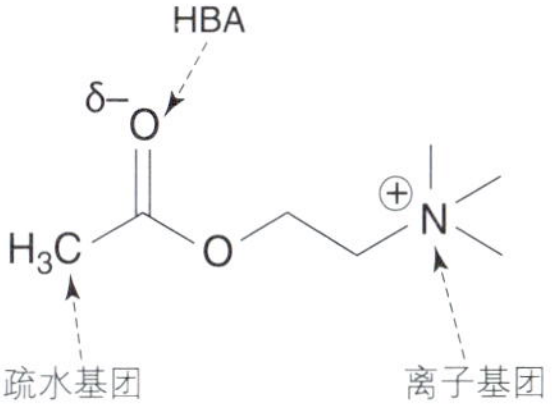

（a）乙酰胆碱 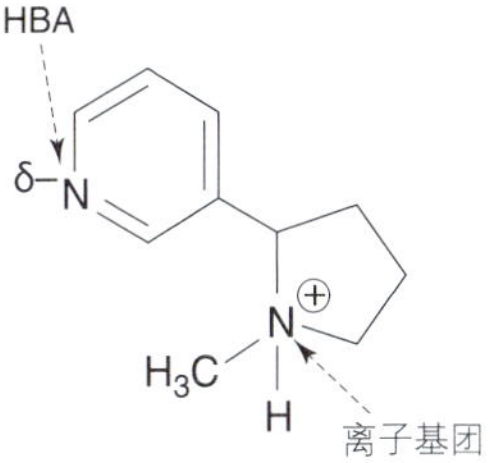　　　　　　　（b）烟碱

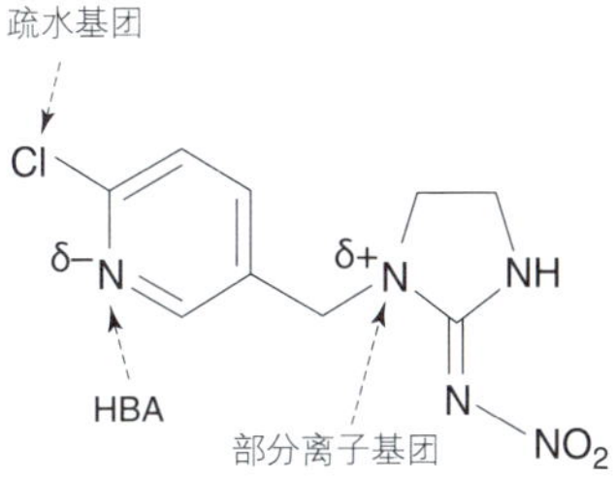

（c）吡虫啉

图5-9　乙酰胆碱、烟碱和吡虫啉中的重要结合基团

（HBA代表氢键受体）

　　然而，这并不能解释为什么吡虫啉与昆虫受体的结合强度是其与人类受体结合强度的1千倍——这是其选择性决定的。产生这种选择性的一个主要原因是硝基基团的存在，它可与昆虫受体结合位点的精氨酸残基结合，但不与哺乳动物

受体的精氨酸残基相互作用。第二个原因是缺乏一个完全带正电荷的氮原子，这削弱了其与哺乳动物受体的离子相互作用。药物代谢动力学因素也会在增强选择性方面发挥作用。吡虫啉可以穿过昆虫的血脑屏障，攻击它们的中枢神经系统，但它无法穿过哺乳动物的血脑屏障。

新烟碱类杀虫剂最初被认为对蜜蜂的毒性很低，但现在许多人认为，它们是导致2006年以来蜜蜂数量迅速下降（蜂群崩溃综合征）的原因。这种情况极为严重，美国的商业养蜂人在2012年失去了多达一半的蜂群。这对农业的影响甚至更大，据估计，蜜蜂会为美国价值887亿元的农作物授粉。有人认为，新烟碱类杀虫剂可能会影响蜜蜂觅食、学习和记忆食物来源导航路线的能力。

2013年，欧盟决定在2015年12月之前限制新烟碱类杀虫剂的使用，并建议将其限制在不吸引蜜蜂的作物上使用。美国也跟进了。这无疑标志着环保主义者的胜利，但一些科学家声称，作出这一决定既是出于政治原因，也是出于科学原因。生产三种受限产品中两种的拜耳作物科学公司表示，只要负责任地使用，新烟碱类杀虫剂对蜜蜂是安全的。该公司认为，蜜蜂数量的减少在新烟碱类杀虫剂被引入之前就已经开始了，是由许多其他因素共同造成的，如携带病毒的螨虫、真菌疾病，以及由于农业发展而导致的开花植物减少。该公司还强调，尽管广泛使用新烟碱类杀虫剂，但澳大利亚拥有非常健康的蜜蜂。这很可能是由于澳大利亚没有变种螨，而变种螨在欧洲则很普遍。事实上，很难确定哪个是导致蜜蜂数量下降的最重要因素，完全有可能是几个因素共同导致的。

禁止使用新烟碱类杀虫剂可能会带来风险。农民可能被迫重新使用对环境破坏更大的老式杀虫剂。这也可能会增加昆虫对老式杀虫剂的抗药性。不管谁对谁错，对更安全、更有选择性的杀虫剂的需求继续挑战着化学家的智慧。因此，其他杀虫剂已被开发出来或正在研制中。例如，有许多不同的结构可作用于烟碱胆碱能受体。其中之一是一组可被昆虫代谢激活形成沙蚕毒素（一种由海洋环节虫产生的天然神经毒素）的药剂。其他化合物包括由真菌刺糖多胞菌产生的多杀菌素、亚砜亚胺和天然产物百部叶碱[图5-10（a）]的类似物。其中一种结构是氟吡呋喃酮[图5-10（b）]，已被批准使用。

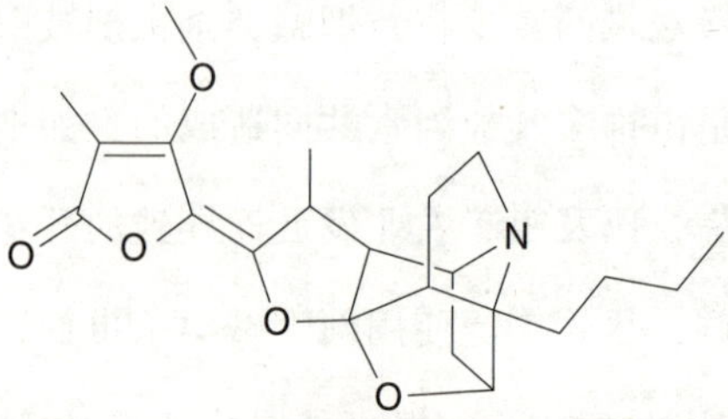

（a）百部叶碱

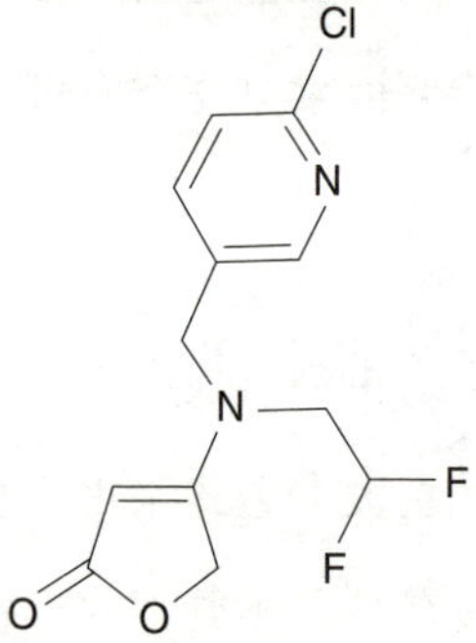

（b）氟吡呋喃酮

图5-10　百部叶碱和氟吡呋喃酮

未来杀虫剂

目前人们正在开发作用于一系列不同目标的杀虫剂，作为解决抗药性问题的手段。如果对作用于某一特定目标的杀虫剂产生抗药性，那么人们可以转而使用作用于不同目标的其他杀虫剂。2006—2007年，诸如氯虫苯甲酰胺、溴氰虫酰胺和氟虫酰胺等杀虫剂上市。它们通过与肌肉细胞中的钙离子通道结合发挥作用，导致昆虫麻痹和死亡。它们对昆虫的选择性高于哺乳动物，对鸟类或水生生物的毒性非常小。纽卡斯尔大学的研究发现了一种天然存在的肽，它也靶向钙离子通道。这种肽存在于澳大利亚漏斗网蜘蛛的毒液中，对蚜虫和毛虫具有毒性，但对哺乳动物和蜜蜂无害。

一些杀虫剂作为昆虫生长调节剂（IGRs），攻击蜕皮过程而不是神经系统。一般来说，IGRs需要更长的时间来杀死昆虫，但对益虫造成的不利影响较小。幼虫在其旧外壳下长出一个新的外壳，然后通过蜕皮脱落旧外壳。这使得新的外壳能够膨胀和变硬。

有两种主要激素参与蜕皮过程——保幼激素和蜕皮激素。从不同的昆虫物种中发现了八种保幼激素，它们都在链的一端含有一个甲酯，另一端含有一个环氧化物。天蚕蛾保幼激素如图5-11所示。如果蛹要蜕变成成虫，必须没有保幼激素的存在，因此有几种IGRs通过模仿保幼激素阻止昆虫成熟为成虫。用于模仿保幼激素的IGRs被称为类保幼激素，是保幼激素的结构类似物。烯虫酯是最成功的类保幼激素，足够安全,可添加到蚊子易发地区的饮用水箱中。这有助于控制疟疾和减少西尼罗河病毒的传播。它还被用来控制家畜身上的跳蚤,并可作为牛饲料中的食品添加剂,阻止牛粪便中的苍蝇繁殖。

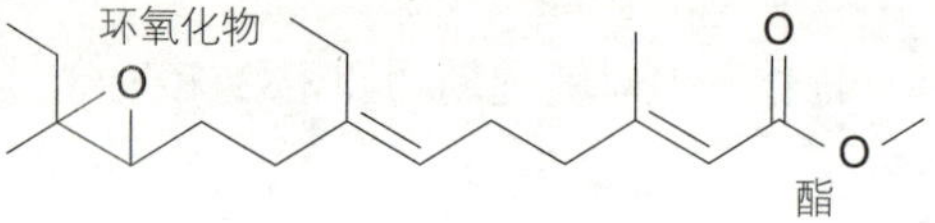

图5-11 天蚕蛾保幼激素

另一种相反的方法是通过抑制生物合成酶来阻止保幼激素产生。通过抑制保幼激素产生,加速蜕皮过程,产生无功能的成虫。抑制JH酸甲基转移酶和细胞色素P450 CYP15的IGRs尤其特别。这些酶对昆虫具有特异性,因此,设计对哺乳动物和其他物种副作用最小的抑制剂应该是可行的。

以蜕皮激素受体为目标的IGRs,在蛹的阶段破坏幼虫向成虫转化。虫酰肼是蜕皮激素受体激动剂的一种,能有效控制毛虫。该化合物具有高选择性和低毒性,开发它的罗门哈斯公司赢得了美国总统绿色化学挑战奖。

其他IGRs抑制甲壳素(一种外壳必需的碳水化合物)的

生物合成，这意味着昆虫被困于其旧的外壳中。这些抑制剂比激素类IGRs作用更快，持续时间更长。例如，1976年上市的除虫脲（图5-12）。它主要用于森林管理，控制棉铃虫和各种类型的飞蛾。它对昆虫有剧毒，对哺乳动物相对无毒。

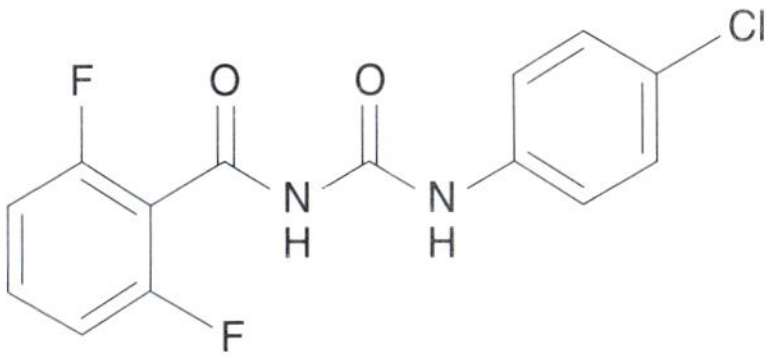

图5-12 除虫脲

寻找新的杀虫剂往往需要从自然界中汲取经验。一些植物、真菌和细菌菌株产生的化合物可用作杀虫剂或驱虫剂。例如，细菌菌株苏云金芽孢杆菌可感染昆虫，并产生杀死甲虫、蚊子和毛虫幼虫的毒素。基因工程已将这种细菌毒素（Bt毒素）植入植物中。

一些植物会释放出被称为萜烯的挥发性化学物质，它们可用作驱虫剂，并可作为设计新杀虫剂的起点。目前的一个研究领域为合成天然产物大根香叶烯D的类似物，这种化合物可以驱除蚜虫和其他害虫。一个日本研究小组还发现，番茄在受到毛虫攻击时，会释放出一种挥发性化学物质。这种化学物质向邻近的番茄发出化学警告，然后其他番茄就会产生一种杀虫剂来抵御潜在的攻击。值得注意的是，这种杀虫剂是从植物吸收的一种报警化学物质中产生的。可能其他植物也有类似的防御机制，这可以为控制害虫提供新的方法。

杀菌剂

杀菌剂可以抵御对农作物或农场动物有害的真菌感染。一些植物和生物体含有天然杀菌剂，可用于真菌疾病的化学防御。这些杀菌剂包括肉桂醛、莫诺塞林、肉桂皮、香茅、霍霍巴油、牛至、迷迭香及茶树和楝树的提取物。枯草芽孢杆菌和真菌奥德曼斯菌有时可用作杀菌剂，而巨藻则被用来喂牛，以保护它们免受草料中真菌的侵害。

一些在实验室生产的合成杀菌剂也被证明是有效的。较早的杀菌剂包括苯菌灵、乙烯菌核利和甲霜灵。然而，更现代的杀菌剂具有更好的选择性和效力，包括一类被称为"醌外抑制剂"（QoI）的化合物。它被认为是近年来杀菌剂的最重要发展之一。如图5-13（a）所示，嘧菌酯是由吉洛特希尔国际研究中心从一种欧洲小蘑菇产生的天然抗菌剂中开发的。抗菌活性的关键特征（毒载体）是被圈起来的部分。

另一个例子是三唑类杀菌剂，因其结构中含有一个三唑环而

得名。例如，丙硫菌唑[图5-13（b）]，它还可以刺激植物

生长。

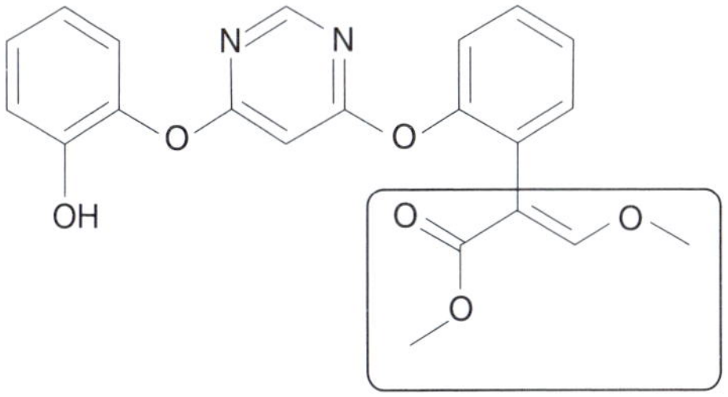

（a）嘧菌酯

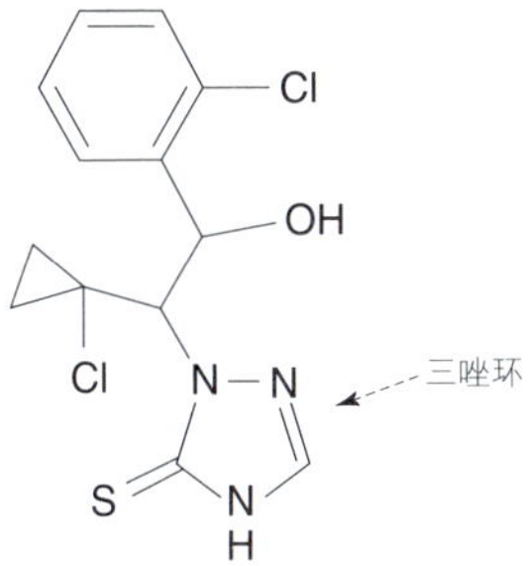

（b）丙硫菌唑

图5-13 杀菌剂

氟嘧菌酯（甲氧基丙烯酸酯）和丙硫菌唑的联合制剂商

品名为Fandango，它具有比单独使用这两种杀菌剂更广的保护效果。将两种作用于不同目标的杀菌剂结合起来，可以减少真菌菌株获得抗药性的机会。即使对其中一种杀菌剂产生抗药性，该真菌菌株仍然对另一种杀菌剂敏感。例如，当甲霜灵被用于控制爱尔兰的马铃薯枯萎病时，在一个生长季节内产生了抗药性。然而，在英国，抗药性的产生比较缓慢，因为甲霜灵是与其他杀真菌剂联合使用的。

突变改变了目标蛋白结合位点的关键氨基酸，因此产生了抗药性。这通常会影响到特定结构中的所有杀菌剂，这种特性被称为交叉抗性。例如，黑斑病是香蕉的一种真菌疾病，对所有的QoI杀菌剂都有抗药性，它是由丙氨酸残基取代甘氨酸残基的突变引起的。

除草剂

如果人们不利用除草剂控制杂草，它们会和作物争夺水和土壤中的养分。人们花在除草剂上的钱比任何其他类别的农药都要多。历史上曾使用过普通盐类作为除草剂，而无机盐除草剂在第二次世界大战前就已被使用。但是，这些化合物不具有特别选择性，可能会损害农作物。

在处理农作物时，有必要使用选择性除草剂。但如果目的是杀死废弃的土地、工业用地和铁路上的所有植物，则可以使用非选择性除草剂。有些植物会产生天然除草剂，影响邻近的植物生命（这种特性被称为等效性）。例如"天堂树"，它被冠以"臭树"或"地狱之树"等不太好听的名字。这是因为它有臭味和侵入性。黑胡桃树的叶子含有除草剂胡桃酮，对苹果树和一些植物有毒性。当黑胡桃树的叶子落到地面上时，这种化学物质被释放出来，阻止其他植物争夺可用的空间和养分。

化学家们设计了一些合成除草剂，模仿植物激素生长素（图5-14）的作用。这些植物激素是根据外部环境条件产生的，并能协调植物生长。天然生长素，如4-氯吲哚-3-乙酸，含有一个羧基和一个芳香环。

合成剂2,4-D含有和4-氯吲哚-3-乙酸相同的官能团，能够模拟生长素的作用。它是由英国帝国化学工业集团（ICI）在1940年合成的，作为生物武器研究的一部分，被发现可以杀死阔叶杂草而不伤害窄叶谷类作物。这个合成剂在1946年首次被用于商业用途，并被证明在根除小麦、玉米和水稻等谷类作物周围的杂草方面非常有效。其效力是无机除草剂的100倍，是第二次世界大战后农业产量提高的主要原因之一。这种化合物很容易合成，也很便宜，至今它仍然是世界上使用最广泛的除草剂之一。

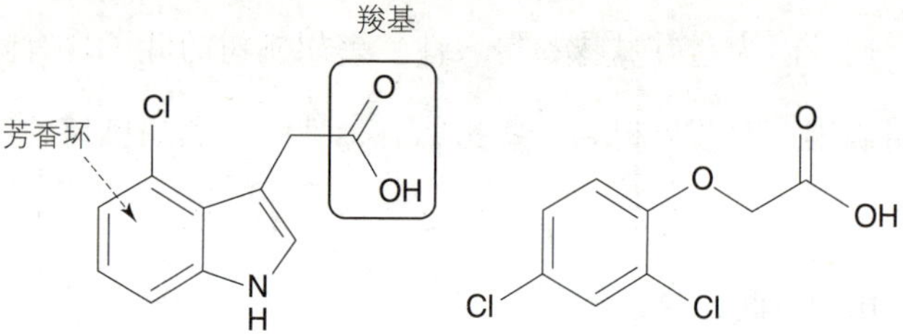

（a）4-氯吲哚-3-乙酸　　（b）2,4-D

图5-14　生长素

2,4-D的酯类衍生物是除草剂橙剂中的活性成分之一。如图5-15（a）所示，20世纪50年代，以阿特拉津为代表的三嗪类除草剂被开发出来（三嗪是指含有三个氮原子的六元芳香环）。这些药剂通过抑制一种在光合作用中很重要的蛋白质而除掉杂草。

20世纪70年代，一组漂白型除草剂被引入市场。这些除草剂作为酶抑制剂，可以阻止光合作用色素的生物合成。其中第一个进入市场的是1971年研发出的达草灭[图5-15（b）]。

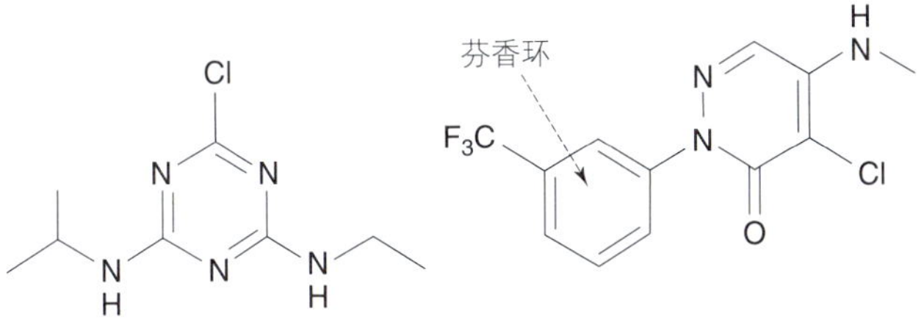

（a）阿特拉津　　（b）达草灭

图5-15　除草剂

除草剂的另一个有用的酶靶向是乙酰乳酸合成酶，这是缬氨酸、亮氨酸和异亮氨酸等氨基酸生物合成的关键酶。有两组除草剂可以抑制这种酶（图5-16）。砜类是在20世纪八九十年代开发的，如氯磺隆。这些药剂被证明是非常有效的。例如，处理4 047平方米土地只需要28.3克氯磺隆。咔唑类药物是前些年开发的，如丙苯磺隆。

市场上可以买到的还有其他几种除草剂，它们作用于不同目标。其中一个例子是草甘膦（图5-17），它在朗达普（美国城市）被用作花园除草剂。这种药剂抑制一种参与苯丙氨酸生物合成的酶。草甘膦对杂草有选择性，人和动物从饮食中获得苯丙氨酸，而自身不会合成它。换句话说，这种酶不存在于哺乳动物的细胞中。

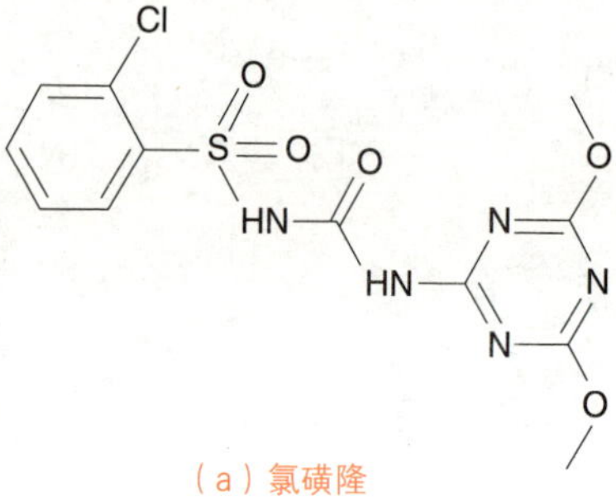

（a）氯磺隆

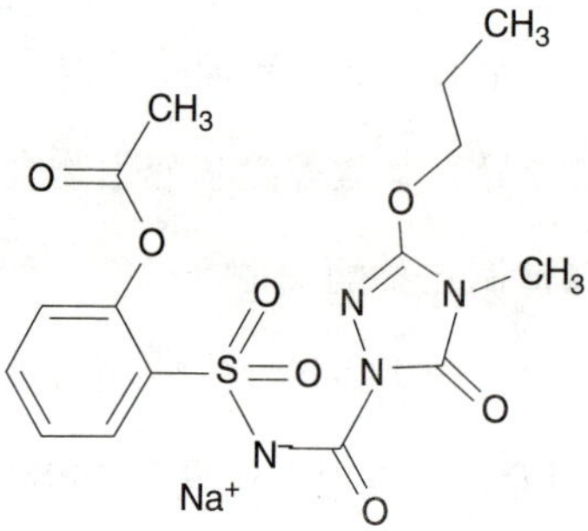

（b）丙苯磺隆

图5-16　乙酰乳酸合成酶抑制剂

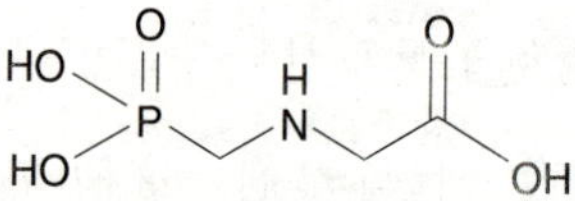

图5-17　草甘膦

第六章
感官的化学

　　天然存在的有机分子在人们通过视觉、嗅觉和味觉等各种感官感知世界的方式中发挥着重要作用。此外，许多拥有颜色、味道和气味的有机分子被设计合成出来，在食品和化妆品行业发挥重要作用。

视觉的化学

　　天然有机化合物11-顺式视黄醛对人眼的杆状细胞检测可见光机制至关重要（图6-1）。它的结构包括一系列交替的单双键，称为共轭系统。它共有6个双键，其中一个双键被定义为顺式结构（见第一章），在链上形成扭结。其中，侧链末端的活性甲酰基可以发生化学反应，导致视黄醛和视蛋白之间形成共价键，产生修饰蛋白视紫质。视黄醛的共轭系统（发色团）吸收光线，导致顺式烯烃变成反式烯烃，从而拉直主链。反之，这会改变蛋白质的形状并触发传输到大脑神经信号，并在大脑神经信号中被解释为光。

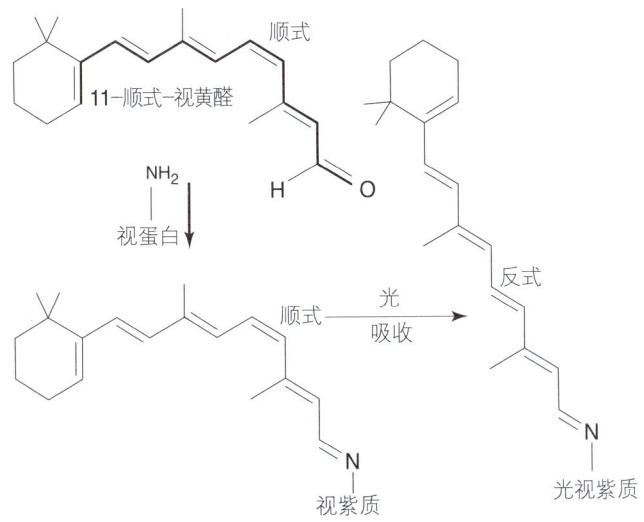

图6-1 视黄醛在视觉过程中的作用

　　分子中存在的共轭系统类型决定了吸收光的具体波长。一般来说，共轭越多，吸收的波长就越长。例如，β-胡萝卜素（图6-2）是导致胡萝卜呈橙色的分子。它有一个11个双键的共轭系统，在光谱的蓝色区域吸收光线。它看起来是红色的，是因为反射的光线中缺少蓝色成分。玉米黄质在结构上与β-胡萝卜素非常相似，是玉米呈黄色的原因。其他天然存在的色素包括番茄红素和叶绿素。番茄红素吸收蓝绿色光,是番茄、玫瑰果和浆果呈红色的原因。叶绿素吸收红光,因此呈绿色。

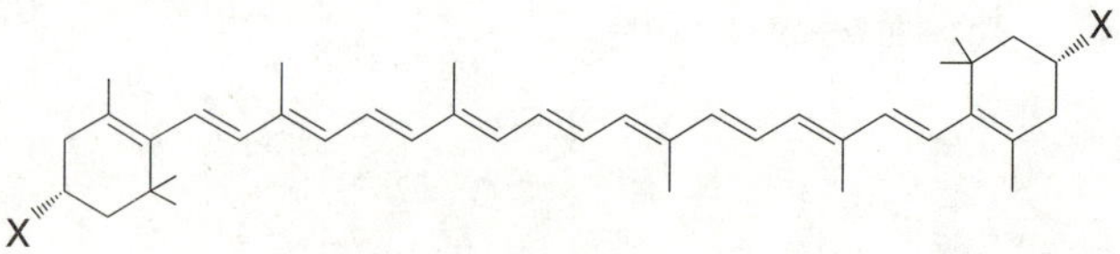

β-胡萝卜素: X＝H
玉米黄质: X＝OH

图6-2　具有共轭系统的分子

　　了解共轭系统如何吸收光意味着化学家可以设计和合成有色分子。特别重要的是一系列含有偶氮官能团(—N＝N—)作为共轭体系一部分的染料分子。例如,柠檬黄(E102,图6-3)和弱酸性红GN。柠檬黄被广泛用作食用色素,也存在于药品、肥皂、香水、牙膏、洗发水和保湿霜中。弱酸性红GN曾经被批准作为食品中的红色素(E125),但现在已被其他着色剂所取代。近年来,有几种染料已被禁止作为食品着色剂,但在一些国家仍在非法使用。染料在塑料、纸张、布料和油漆等制成品的着色中也很重要。例如,用于这一目的的偶氮染料俾斯麦棕Y。

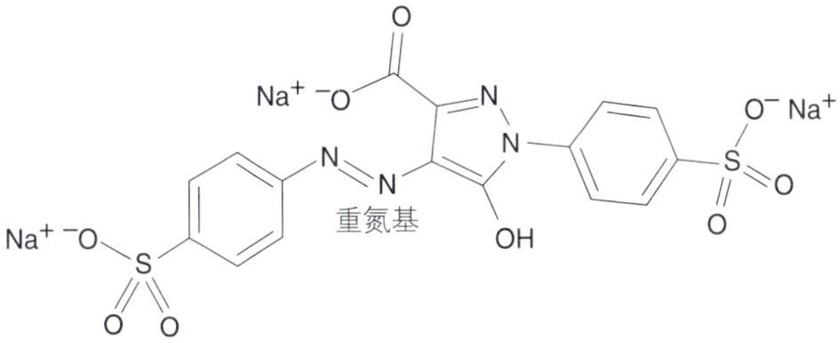

图6-3　柠檬黄（E102）

如图6-4（a）所示，靛蓝是一种重要的天然染料，可以吸收黄光，呈蓝色。它可以从植物中提取，但用合成方法生产要便宜得多。靛蓝有很悠久的历史，古玛雅文明就曾使用过。它也有重要的政治和经济历史。在19世纪末，靛蓝是印度的一种主要农作物。但因为价格问题促使化学家设计出一种合成靛蓝的工艺，巴斯夫在1897年建立了工厂生产这种染料。据称，这是第一个生产合成化合物的工业厂房。到1910年，欧洲使用的所有靛蓝都是人工合成的，并且停止了从印度进口。

如图6-4（b）所示，提利亚紫（泰紫）是另一种天然染料，其结构与靛蓝非常相似，可以从海螺中提取。在罗马时代，它被用来给皇帝和参议员的袍子上色。当时，提利亚紫这样的染料价格昂贵，只有富人和权贵才能买得起。直到

143

19世纪，廉价的合成染料出现，人们才能负担得起五颜六色的衣服。

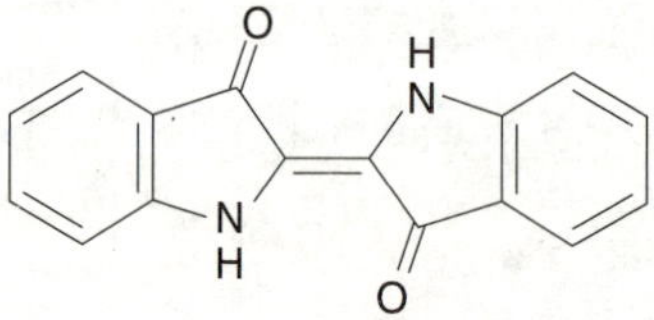

（a）靛蓝

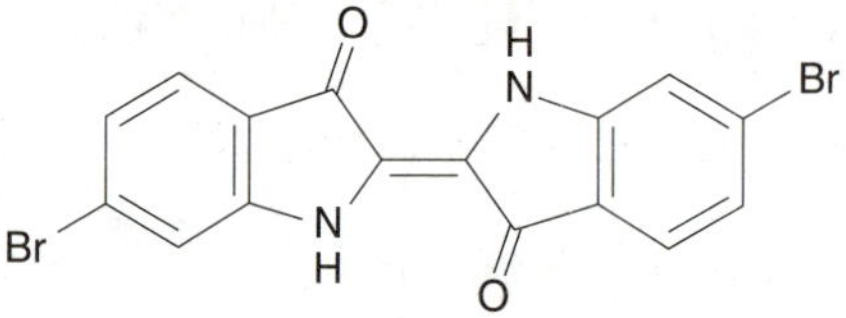

（b）提利亚紫

图6-4 天然染料

对有色分子的研究仍在继续。耶鲁大学的一个小组研究恐龙化石试图确定恐龙的颜色。有机化合物黑色素在这项研究中发挥了关键作用。黑色素是一种在头发、皮肤、羽毛和皮毛中被发现的决定颜色的色素。对当前动物的研究表明，这种色素被储存在像一个小容器的黑色素体的细胞内。使用扫描电子显微镜在化石中也观察到了这些"蜂窝式墨盒"，并为化石可能具有的颜色提供了线索。腊肠状黑色素体通常含有深棕色或黑色的真黑素，而球形的黑色素体则含有红色的褐黑素。通过研究现代鸟类的黑色素体形状，并将其与鸟类的实际颜色进行比较，可推导出有羽毛恐龙的颜色图案。其他的化石研究也检测到了存在1.6亿年的真黑素。

一些有色分子具有实用的药用特性。例如，染料偶氮磺胺具有抗菌特性，这促进了20世纪30年代磺胺类药物的发现。另一个例子是黄连素（原黄素），它被用作局部抗菌剂。近年来，人们发现染料亚甲基蓝可以杀死微生物细胞。亚甲基蓝通常是无毒的，但暴露在光线下会变成光敏剂。这导致对细胞具有致命作用的活性氧产生。使用亚甲基蓝和光来治疗细菌感染被称为光动力疗法。因为它被细菌细胞吸收得更快，所以它在杀死细菌细胞而不是人类细胞方面具有高度的选择性。亚甲基蓝含有正电荷，被细菌细胞所吸引，因为与哺乳动物细胞相比，细菌细胞的表面有更多的负电荷。该疗法对可接触到光的表面感染效果最好。自20世纪80年代以来，光动力疗法也被用于治疗癌症。

染料敏化太阳能电池（DSSCs）的生产也考虑使用染料，其工作原理是当光子撞击染料分子时产生电子。DSSCs具有比硅基太阳能电池更突出的潜在优势。它们可以在各种光照条件下工作，不需要明亮的阳光。它们还能很好地利用人造光或同时来自不同方向的光。这意味着DSSCs有可能比传统太阳能电池产生更多的能量。由于这种电池在弱光下工作良好，它们可以通过采集室内光线为小型电子设备供电。拉斯维加斯的米高梅大酒店就用DSSCs驱动的遥控电动百叶窗取代了酒店房间窗帘。

　　光敏分子被认为会影响鸟类在数千英里范围内精确迁徙和导航的能力。例如，斑尾鹬鹬每年秋天从西伯利亚飞往新西兰，飞行一万公里，即使它们被吹离航线，也可以调整方向后继续飞行。人们认为，由于鸟类的导航能力依赖于光，因此它们可以从视觉上探测到地球的磁场线。人们发现一种光受体蛋白隐花色素，它有测量经度的能力。然而，这些分子探测磁场的机制仍有待确定。磁铁矿也与方向的判定有关，并可能具有确定纬度的作用。在这项研究的基础上，人们设计了一种合成分子，可以对与地球磁场强度相似的弱磁场作出反应。它由一个高度共轭的类胡萝卜素、一个卟啉和一个富勒烯组成（图6-5）。

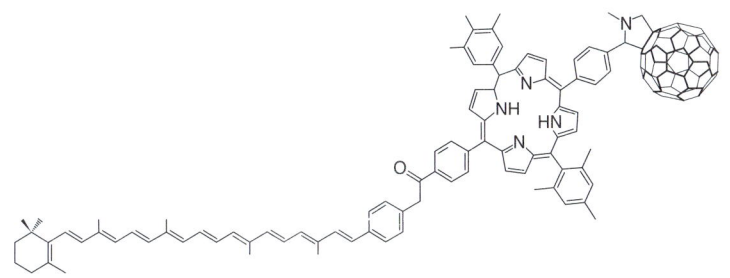

图6-5 一种旨在检测磁场的合成分子

嗅觉的化学

气味分子与鼻子中的嗅觉受体相互作用。这些受体蛋白于1991年被理查德·阿塞尔（Richard Axel）和琳达·巴克（Linda Buck）发现，为他们赢得了2004年诺贝尔生理学或医学奖。气味分子在化妆品和家庭用品的生产中非常重要，如香水、肥皂、牙膏和洗涤剂。例如，顺式茉莉酮（从茉莉花中提取）和大马酮，这是玫瑰气味的来源。麝香酮用于在香水中提供麝香香味，而柠檬醛则有柠檬香味。一个手性分子的两个对映异构体（镜像）有时具有不同的气味。例如，柠檬烯的R-对映异构体有橙子味道，而S-对映异构体有柠檬味道。香芹酮的其中一个对映异构体闻起来有留兰香的味道，而另一个则闻起来有葛缕子的味道。

香味分子在自然界中发挥着重要作用。例如，昆虫分泌信息素，作为吸引配偶的性引诱剂，或作为化学警报信号。信息素的结构种类繁多，而且效力极强。有些甚至在低至 2×10^{-12} 克的水平下都有效。由于信息素的数量极少，从其天然来源中提取信息素将是一项巨大的工程。例如，提取1.5毫克的性信息素丝氨酸需要6.5万只雌性香烟甲虫（图6-6）。幸运的是，大多数信息素可以在实验室中相对容易地合成。信息素的一种商业应用，是用于诱捕器中，来消灭具有破坏性的昆虫。例如，日本金龟子性引诱剂（Japonilure）在市场上被用来诱捕甲虫，只需要25微克就可以捕获成千上万的昆虫。信息素也被用来诱捕棉铃虫、苍蝇、白蚁和果蛾。

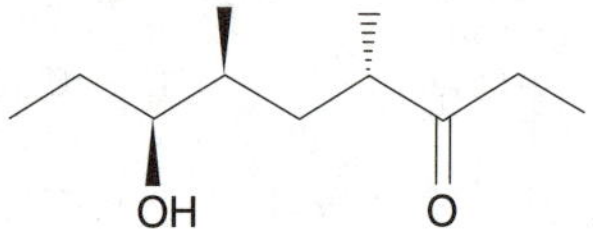

（a）香烟甲虫信息素

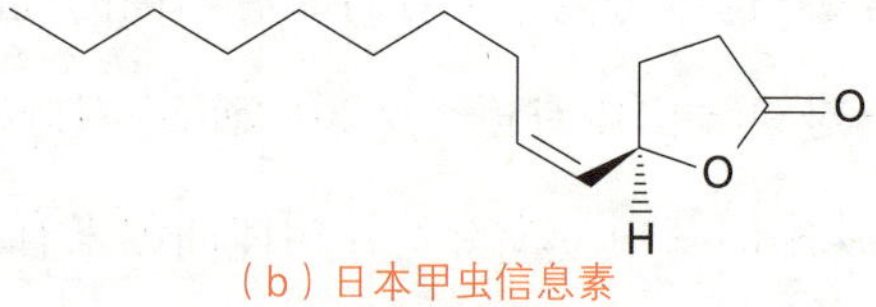

（b）日本甲虫信息素

图6-6　信息素

　　植物和哺乳动物也有信息素。例如，雄烯酮是一种猪类固醇信息素，能使受体母猪采取性交姿态。这种信息素以喷雾的形式在市场上出售，农民将其喷在母猪的鼻子上。这样就可以更容易地进行人工授精。信息素可以快速起效。昆虫性吸引剂和报警信息素具有高度的挥发性，并能立即产生反应。追踪信息素被蜜蜂、蚂蚁、黄蜂和白蚁用来指示食物来源。它们的挥发性较低，但持续时间较长。一些信息素的作用更缓慢，但有更长期的影响。蜂王物质由蜂王产生，并阻止工蜂的卵巢发育。因此，只有蜂王才会产卵。如果蜂王死亡，信息素缺乏，将激发工蜂将蜂王浆喂给蜜蜂幼虫，以培养新的蜂王。信息素并不是自然界中唯一重要的气味分子。例如，花朵用气味吸引蜜蜂，而软体动物可以通过探测海星的气味来逃避被其捕食。一些捕食者通过气味探测猎物。例如，鳕鱼蛾的幼虫可以探测到苹果皮释放的化学物质。一些天然的气味可以作为驱虫剂。例如，最近的研究表明，金眶蜘蛛会产生一种驱蚁剂，这可能会给设计新驱虫剂提供思路。臭鼬在面临危险时，会散发出恶臭的硫醇气味。这种硫醇具有商业用途。由于天然气无味，因此人们在天然气中添加了叔丁基硫醇以检测气体泄漏。这种化学品的气味非常强

烈，每 5×10^{11} 份天然气中只用1份叔丁基硫醇。（图6-7）

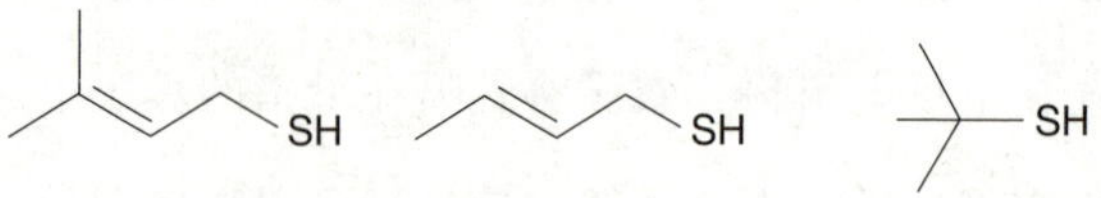

（a）用于臭鼬喷雾剂中的硫醇　　　（b）叔丁基硫醇

图6-7　硫醇

　　显然，气味分子在香水、化妆品、肥皂、洗涤剂和空气清新剂中具有商业价值。设计香水既是一门艺术，也是一门科学，因为它涉及将不同的香味分子结合起来，产生一种独特的香味，这种香味与单个分子的香味完全不同。这在自然界中也有相似之处。玫瑰的天然香气主要是由2-苯乙醇、香叶醇和香茅醇决定的。然而，诸如大马士革酮等分子巧妙地影响了每朵玫瑰的香味。许多香味分子可以从自然界中分离出来，但合成这些分子往往更容易，也更符合生态学原理。例如，每朵花中存在香味的量很少，以至于必须采集数吨花来提取它们。

　　化学合成也可以产生新的气味分子。例如，香奈儿5号含有长链脂肪醛，具有自然界中没有的香味。化学反应也可以影响香味的持续时间。例如，一种具有高度挥发性的醛会过快地蒸发。将醛与胺结合在一起会产生一种亚胺，这种亚胺的挥发性较低，而且会慢慢水解，在很长一段时间内释放出香味醛（图6-8）。

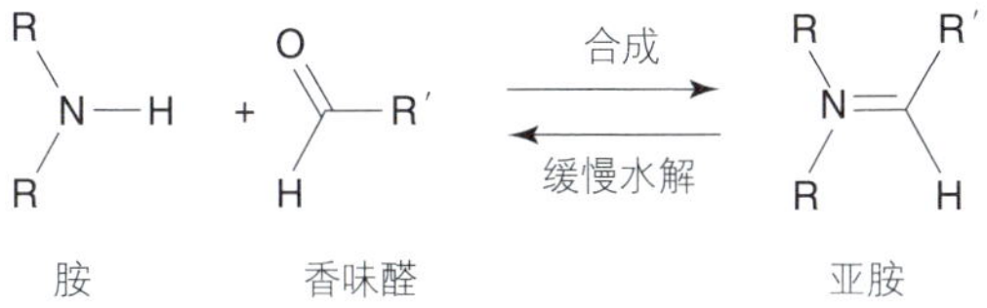

图6-8　挥发性香味醛的缓慢释放

　　在香水和化妆品中使用的一些化学品可能会引起易感人群过敏。它们包括柠檬烯、橡木苔和丁香酚（存在于丁香和香料中）。柠檬烯天然地存在于柑橘类水果中。研究发现，在高海拔地区吃橘子会使滑雪者和登山者对化妆品中的柠檬烯过敏。

　　目前有许多研究项目涉及挥发性分子。例如，了解蚊子如何"嗅出"它们的猎物，有助于防治蚊子传播的疾病，如疟疾和登革热。二氧化碳是蚊子的主要引诱剂，但各种体味也有影响。一些化学品似乎可以掩盖化学引诱剂，可以作为避蚊胺——标准驱蚊剂的替代品。一些植物已被证明可以吸引蚊子，其中起作用的化学品（如氧化芳樟醇）已被用作捕蚊剂。这些植物可以在非洲村庄周围种植，以吸引蚊子离开村庄。

目前，人们正在对检测挥发性化学品传感器进行设计研究。这种"电子鼻"可用于检测工厂的化学品泄漏，监测食品质量或检测毒品和电子爆炸物。传感器也正在开发中，以寻找地震或雪崩的幸存者，或定位尸体和秘密坟墓。还可以用来确定一个人死了多久，因为在不同的分解阶段，尸体释放的挥发性有机化合物是不同的。细菌会释放出挥发性分子，检测这些分子是识别由哪种细菌菌株引起感染的有效方法。如果这被证明是可靠的，它将缩短识别感染的时间，并提供最好的抗菌剂来治疗它。

最后，德国乌尔姆大学的卢卡·图林（Luca Turin）提出了一个关于香味分子被嗅觉受体蛋白检测的新理论。通常情况下，一个分子会因为其形状和结合作用而激活受体。图林提出，键的振动可能更加重要。图林的理论有助于解释为何不同结构的分子具有类似的气味。例如，氰化物和苯甲醛都有苦杏仁的味道。该理论还可以解释为什么看起来相似的分子在气味上有明显的差异。另一方面，批评者指出，人类有大约400种不同的嗅觉蛋白受体，可能涉及一个更完整的生物过程，不同的受体被特定的分子激活。然后，大脑解析从这些相互作用中收到的信号，以检测特定的气味。

味觉的化学

有机分子与舌头的味觉感受器相互作用可以让人品尝到味道。不同的有机化合物有不同的味道，可用于食品工业以增强食品风味。人们以这种方式使用很多天然化合物。例如，香芹酮用于留兰香口香糖和牙膏中，以产生薄荷味。其他调味品还包括留兰香油中的薄荷醇、香草中的香兰素和杏仁中的苯甲醛。

人们通常认为合成香料是非天然化合物，但这未必是真的。一些天然香料，如香兰素，在实验室中合成更为方便。

合成香料最大的市场之一是人工甜味剂，如糖精和阿斯巴甜代糖（图6-9），它们的市场价值约为452亿元。人工甜味剂作为糖（蔗糖）的低热量替代品，可以解决肥胖和糖尿病问题。它们比糖更强效，可在更低浓度下品尝到，但这并不意味着它们具有与糖相同的甜味。糖精是第一种合成甜味剂，在第一次世界大战期间因为糖的短缺而被使用。它的效力是蔗糖的300倍。甜蜜素于1937年被发现，它与糖精混合后味道更好。紧随其后的是阿斯巴甜代糖、三氯蔗糖和纽甜。阿斯巴甜代糖是由两种天然氨基酸（天冬氨酸和苯丙氨酸）制成的，是当今最常用的人工甜味剂之一。它的效力是糖的200倍，当与其他甜味剂混合使用时，可以产生与蔗糖相似的味道。

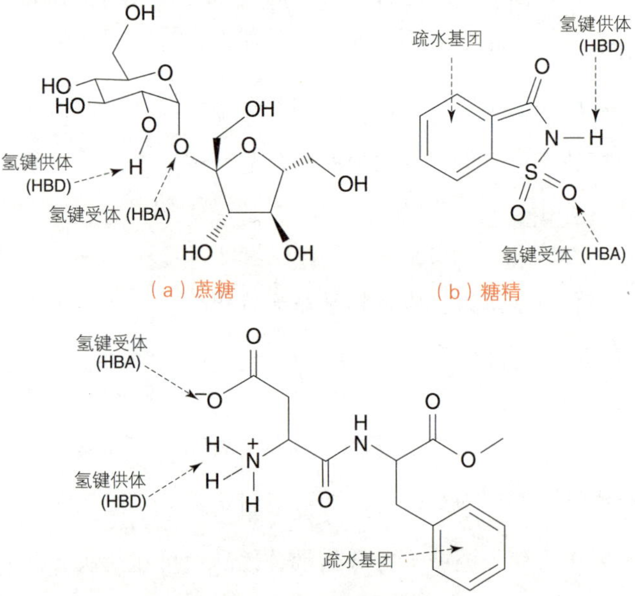

（a）蔗糖 （b）糖精

（c）阿斯巴甜代糖

图6-9　合成甜味剂

154

蔗糖、糖精和阿斯巴甜代糖的结构差异明显，但为什么它们尝起来都是甜的，其原因尚未明确。然而，这三种化合物都含有可以作为氢键供体（HBD）的氢原子和可以作为氢键受体（HBA）的氧原子，彼此相隔约3Å（0.3纳米）。有人提出，这些基团与甜味受体形成相似的氢键。

"甜三角"是这一理论的延伸（图6-10）。三角形定义了受体结合位点内的三个关键结合区域。其中两个区域形成氢键，第三个区域是疏水的，形成范德华相互作用。能同时与这三个区域相互作用的分子很可能是甜的。

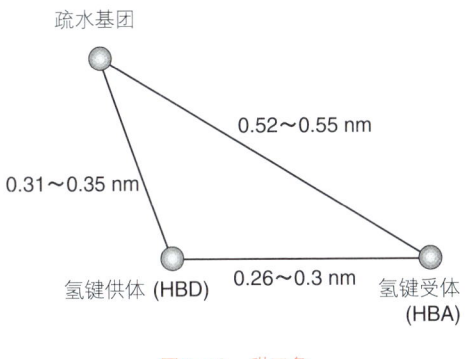

图6-10   甜三角

关于人造甜味剂的安全性，公众有过各种各样的争论。1969年，美国禁止使用甜蜜素，因为人们担心它可能致癌，但它已获得欧洲食品安全局（EFSA）的批准。关于糖精安全性的质疑从1971年一直持续到2001年，直到美国食品药品监督管理局最终宣布糖精是安全的。基于毒理学实验结果，阿斯巴甜代糖也被许多消费者群体贴上了不安全的标签。事实上，EFSA早在2013年就已证实阿斯巴甜代糖的安全性。

由于人造甜味剂的争议，一些食品和饮料公司开始生产含有天然低卡路里甜味剂的产品。例如，绿色版可口可乐含有天然甜味剂甜菊醇糖苷。这种甜味剂是从一种南美灌木的叶子中提取出来的，它使得这款可乐的含糖量降低到普通可乐的37%。甜菊醇糖苷中最有效的成分是甜菊糖双甙。它和甜味剂赤藓醇添加在一起，以提供更接近蔗糖的味道。

罗汉果甜苷是另一种天然甜味剂，从东南亚的罗汉果中提取。其中最甜的是罗汉果苷A或麦角苷。

人们发现许多植物蛋白也是天然甜味剂。这些植物蛋白包括奇异果甜蛋白、植物甜蛋白、巴西甜蛋白和神秘果蛋白。神秘果蛋白是一种从神秘果中提取的蛋白质，神秘果是西非一种植物的浆果，它具有使酸性食物变甜的非凡能力。神秘果蛋白与甜味受体紧密结合约一小时，但无法激活它。

如果在此期间吃了酸性食物，口腔中的pH就会下降，导致与甜味受体结合在一起的神秘果蛋白改变形状。通过这种方式激活了甜味受体，掩盖了通常产生的酸味。神秘果蛋白在日本被批准为食品添加剂，而在欧洲和美国并没有得到批准。

甜味受体的结构在2001年被发现，由两种膜结合蛋白组成。蛋白质二聚体中与糖结合的部分被称为"捕蝇草"结构域，因为它在与糖结合时会改变形状。人们在肠道中也发现了甜味受体，它们在那里调节糖在血液中的吸收，对天然和人造甜味剂都有反应，这也许可以解释为什么低卡路里的甜味剂并不能帮助人们减肥。现在人们正在考虑设计一种替代节食的方法，即设计分子来抑制甜味受体。

味觉的另一个极端是味道不好的分子，它们同样也有商业用途。例如，名为苯酸苄铵酰胺的化合物被添加到诸如厕所清洁剂之类的有毒家用产品中，以防止儿童饮用。同时，植物也会产生味道不好的化学物质来吓跑动物和昆虫。烟草植物中的烟碱就起这样的作用。

第七章
聚合物、塑料和纺织品

在过去的50年里，合成材料在很大程度上取代了木材、皮革、羊毛和棉花等天然材料。塑料和聚合物也许是有机化学改变社会的最明显标志。赛璐珞是早期聚合物的种类之一，于1856年发明，用于生产台球、钢琴键和早期的电影胶片。1891年，当路易斯·夏多内（Louis Chardonnet）撒出硝化纤维并观察到丝状股线形成时，发现了第一根合成纤维（人造丝）。1917年，为了应对英国的海上封锁，德国合成出合成橡胶。然而，高分子科学的真正爆发是在20世纪下半叶。据估计，2012年全球塑料产量为2.88亿吨，到21世纪末塑料消费量可达10亿吨。最常见的塑料是聚氯乙烯（PVC）、聚苯乙烯、发泡聚苯乙烯和聚对苯二甲酸乙二醇酯（PET）等聚烯烃。

聚合是将分子合成砌块（单体）连接成长链聚合物（图7-1）。通过改变单体的性质，可以合成大量具有不同性质的多种聚合物。将小分子合成砌块连接成聚合物的想法并不新鲜。数百万年来，自然界一直在利用氨基酸合成砌块来制造蛋白质，利用核苷酸合成砌块来制造核酸（见第三章）。科学家们只是花了更长的时间来模拟这个过程。聚合物在塑料、合成纤维、建筑材料和黏合剂方面有很多实际用途。例如，尼龙、聚酯和聚丙烯腈通常用于生产服装。用于服装的其他聚合物还包括具有弹性的莱卡和市面上最结实的面料迪尼玛（聚乙烯纤维）。

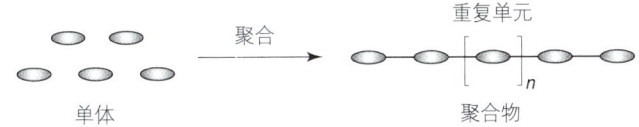

图7-1 聚合

制备聚合物通常有两种方法：

• 加成聚合物（或链增长聚合物）

● 缩合聚合物（或逐步增长聚合物）

加成聚合物由烯烃、二烯烃和环氧化合物等单体形成。每个单体被一个接一个地添加到不断增长的聚合物链的末端，并且每次添加都不会损失原子。例如，当单体是烯烃时，烯烃的所有原子都进入聚合物链（图7-2）。由于在连接过程中使用了双键中的一个键，因此双键不再存在。

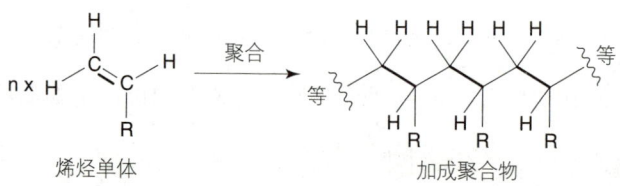

图7-2　加成聚合（用加粗键显示加成聚合物的单体）

在缩合反应中加入单体生成缩合聚合物。缩合反应是一种使小分子（如水）丢失的反应。例如，胺与羧酸反应形成酰胺，醇和羧酸反应生成酯。醇与酯生成不同酯和醇的反应也算作缩合反应，尽管丢失的是醇，不是水（图7-3）。

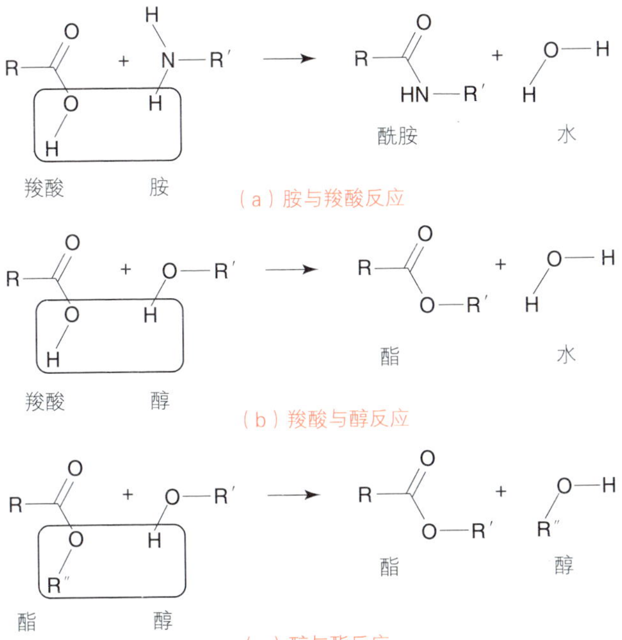

(a)胺与羧酸反应

(b)羧酸与醇反应

(c)醇与酯反应

图7-3 聚合反应中的缩合反应

加成聚合物

烯烃单体也可生成加成聚合物（图7-4）。20世纪30年代，英国帝国化学工业公司首先生产出聚乙烯，作为水下电话和电报电缆的电绝缘体。在第二次世界大战期间，它的绝缘性能对在为英国飞机安装雷达设备时发挥了关键作用。然而，直到1953年，当催化剂使得聚合反应能在温和的条件下进行时，这种聚合物的有效合成才得到完善。几个月后，使用催化剂生产出了聚丙烯。由于这些合成方法的完善，参与研究的科学家们获得了1963年的诺贝尔化学奖。

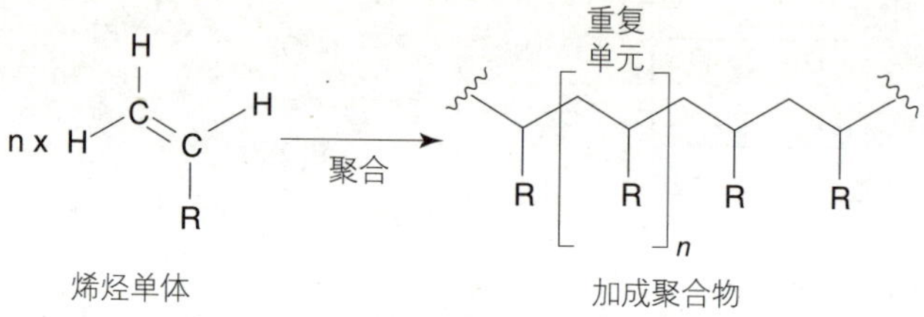

图 7-4　烯烃单体生成加成聚合物（R=H 为聚乙烯，R=CH₃ 为聚丙烯）

与聚乙烯不同，聚丙烯在聚合物链上有取代基。这些取代基的立体化学结构对聚合物性能起着重要作用。如果甲基指向相反的方向，那么聚合物就会形成规则的螺旋结构，从而产生高纤维强度。如果甲基随机取向，聚合物则是橡胶状的，几乎没有商业用途。但是，聚乙烯才是引发聚合物工业迅速扩张的聚合物。

当由烯烃单体制备加成聚合物时，双键中的一个键被用于连接过程。因此，得到的聚合物是不含双键的完全饱和烃类。当乙烯作为单体时，最终聚合物（R=H）中没有取代基。对于其他有规则间隔取代基（R）的烯烃，这些取代基（R）的性质会影响最终产物的性质。例如，单体氯乙烯（R＝Cl）聚合得到聚氯乙烯（PVC），用于塑料瓶、塑料管和透明食品包装。据估计，人类每年生产约3 400万吨PVC，使PVC成为世界上产量第三大的塑料。含有两个或两个以上取代基的烯烃也已制备出聚合物。例如，特氟龙（聚四氟乙烯，图7-5）是由四氟乙烯气体制备的。它最初是由一位科学家发现的，当时他看到了一个装满四氟乙烯的钢瓶，当他把阀门打开时，没有气体流出。出于好奇，科学家把钢瓶切开，发现里面的物质已经聚合，产生了一种无法熔化的聚合物，而且对几乎所有测试的化学物质都是惰性的。特氟龙现在被用作不粘锅的涂层。

理论上，聚合反应应该产生很长的没有分支的聚合物链，然而事实并非总是如此。有时，单体与聚合物链的一部分相连，形成一个分支。分支会导致聚合物性质发生显著变化。不分支的线性链比分支链能更紧密地结合在一起，从而产生坚硬的塑料。例如，不分支线性链的聚乙烯是一种可以用于制造人造髋关节的硬塑料。相比之下，含有大量分支的聚乙烯是一种柔性塑料，可以用于制造垃圾袋和食品袋。

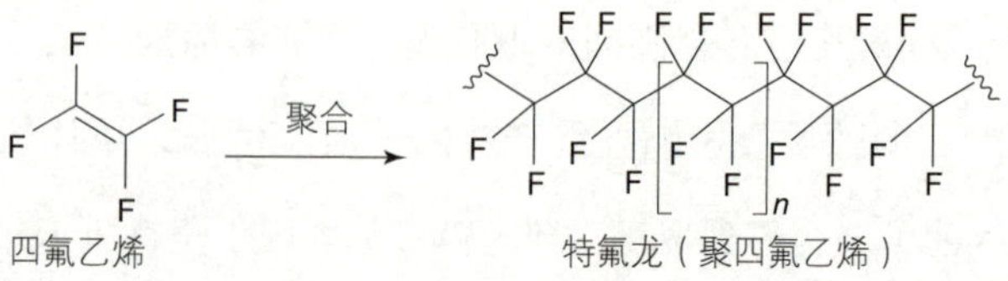

图7-5 特氟龙（聚四氟乙烯）

加成聚合物也可以由环氧化合物（含有一个氧原子的三元环）制备。聚合过程打开了每个单体的环氧环，氧原子进入聚合主链形成聚醚（图7-6）。这类聚合物可用于护肤品、药品和食品添加剂。

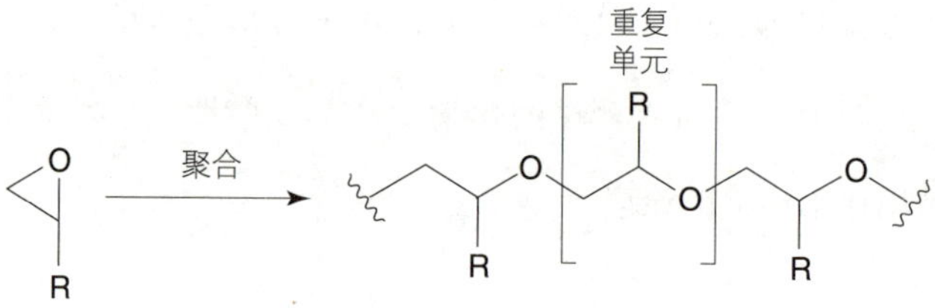

图7-6 环氧化合物单体的加成聚合物

各种各样的橡胶是由含有二烯官能团的单体制成的。该官能团由一个单键连接两个双键组成。其中一个双键用于连接过程，而另一个双键会移动位置。原始合成橡胶（R＝H）与天然橡胶（R＝CH$_3$）的不同之处在于缺少甲基取代基。其他合成橡胶也有不同的取代基。例如，氯丁橡胶含有氯取代基，可用于潜水服和涂层织物。

如图7-7所示方法制备的橡胶往往比较柔软。为了获得一种更适合制造汽车轮胎的更坚硬的橡胶，有必要进行硫化处理，即将硫磺与橡胶一起加热。这样的处理会导致二硫化物交联，使得聚合物链连接在一起，同时仍然具有拉伸性。硫化的发明者查尔斯·固特异（Charles Goodyear）在将橡胶和硫磺的混合物撒在热炉上时偶然发现了这一过程。二硫化物交联越多，橡胶就越坚硬。因此，与汽车轮胎使用的橡胶相比，橡皮筋使用的橡胶具有更少的交联数。

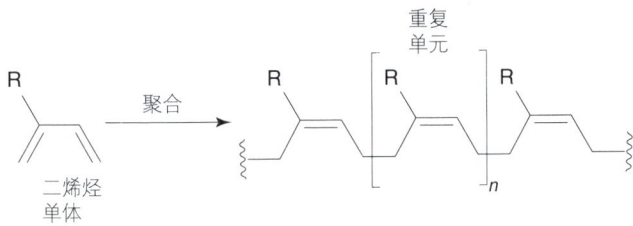

图7-7 由二烯烃制备聚合物

加成聚合物也被称为共聚物。以特定的模式引入单体，可以控制聚合过程。例如，可以在单体交替或嵌段的情况下制备线性聚合物；也可以制备接枝聚合物，即将含有单一类型单体的一条链接枝到含有不同类型单体的第二条链上（图7-8）。

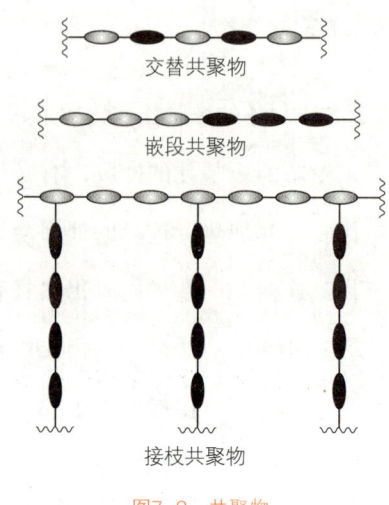

图7-8　共聚物

　　共聚物包括用作食品包装的塑料薄膜的合成树脂莎纶，用于洗涤剂等安全用品的苯乙烯-丙烯腈树脂（SAN），用于防撞头盔的丙烯腈-丁二烯-苯乙烯树脂，以及用于内胎和充气体育用品的丁基橡胶。共聚物也被研究用来制备可用于药物输送的纳米容器。

缩合聚合物

　　缩聚反应要求每个单体上有两个官能团。在自然界中，蛋白质生物合成涉及缩合反应，每个氨基酸单体提供一个氨基和一个羧基。尼龙的合成也涉及了氨基酸单体。尼龙于1939年被首次推出，并一直用于纺织面料、地毯、登山绳和钓鱼线等。通过改变单体的链长可以生产出不同形式的尼龙。图7-9显示了尼龙6的合成。

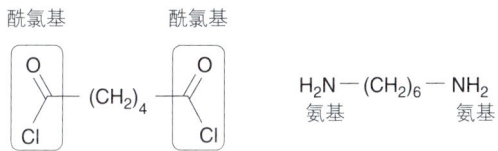

图7-9　尼龙6的合成

有些尼龙是由两种不同的单体缩聚而成的。例如，尼龙66是由含有两个氨基的单体和另一个含有两个酰氯基的单体制备的（图7-10）。

图7-10　合成尼龙66的单体

凯夫拉尔是另一种由两种不同单体形成的聚合物（图7-11）。它的强度是钢的五倍，可用于太空服、军用头盔、防弹背心和运动装备。它在高温下的稳定性使其也被用于消防员的防护服。

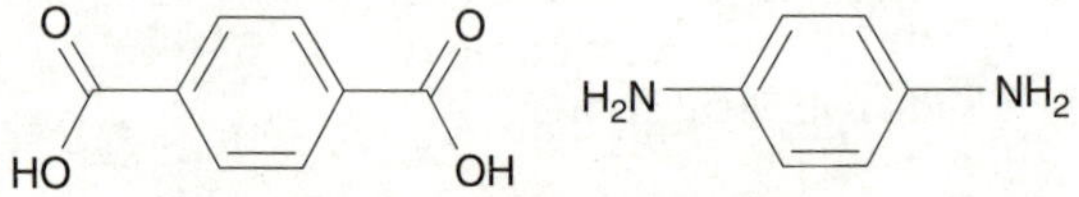

图7-11　合成凯夫拉尔的单体

　　凯夫拉尔纤维的非凡强度与许多因素有关。首先，由于平面芳香环和连接每个环的酰胺基团只有有限的键旋转，每个聚合物链都是相对刚性的。其次，在链之间存在丰富的氢键网络，其中每个氧原子充当HBA，每个NH质子充当HBD（图7-12）。这将聚合物链固定在一起形成刚性薄片，并防止链彼此滑动。最后，当凯夫拉尔被纺成纤维时，聚合物链沿纤维轴定向排列。这使得凯夫拉尔薄片可以堆叠成高度结晶的结构。

　　由酯键连接的缩合聚合物被称为聚酯，聚酯可用于包括服装在内的各种用途。例如，涤纶（图7-13）是由二酯和一个含有两个醇基的单体制备的聚酯。迈拉是一种类似的聚合物，具有抗撕裂性，可用于船帆和磁带。

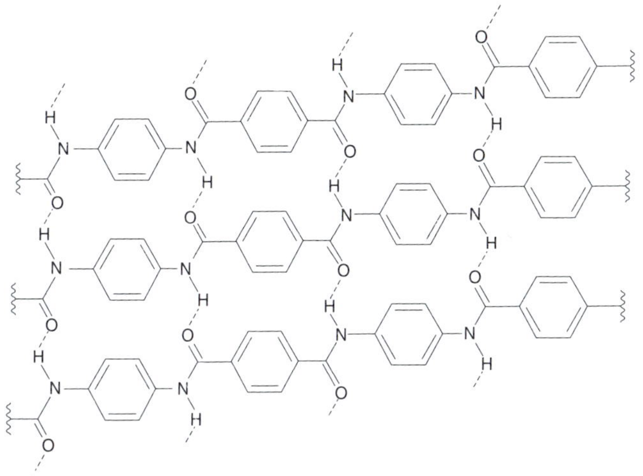

图7-12 凯夫拉尔聚合物链之间的分子间相互作用（氢键用虚线表示）

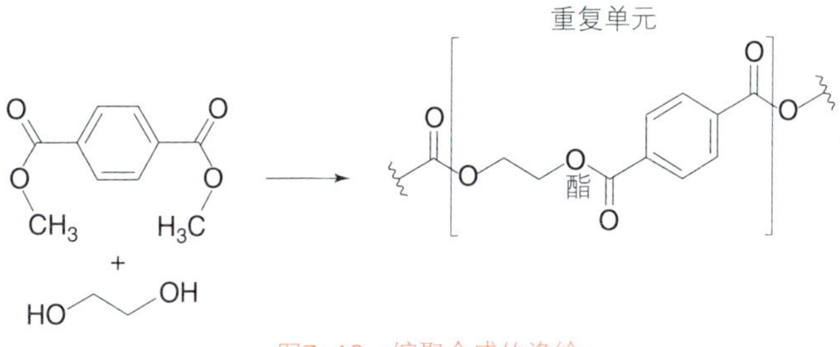

图7-13 缩聚合成的涤纶

171

聚碳酸酯是含有碳酸酯的缩合聚合物。它们可用于制造透明塑料，其质量轻、抗破碎、耐热。例如莱克桑（图7-14），它被用于制作防弹玻璃和光盘。该聚合物由碳酸二苯酯和双酚A制备。

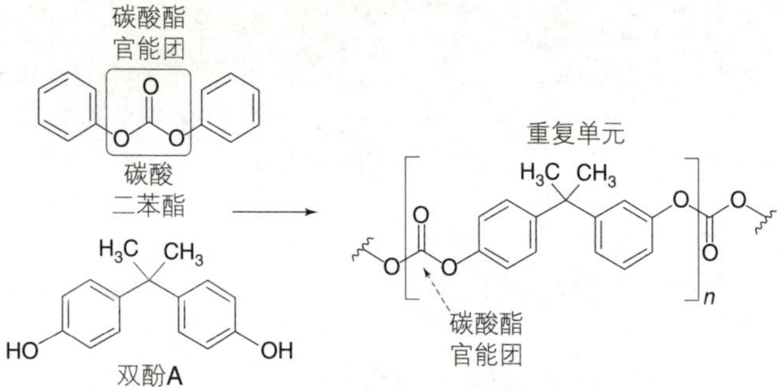

图7-14 缩聚合成的莱克桑

聚氨酯（图7-15）以氨基甲酸酯官能团作为连接基团。聚氨酯泡沫可用于家具、床上用品和绝缘材料。聚氨酯也可用于莱卡等织物。

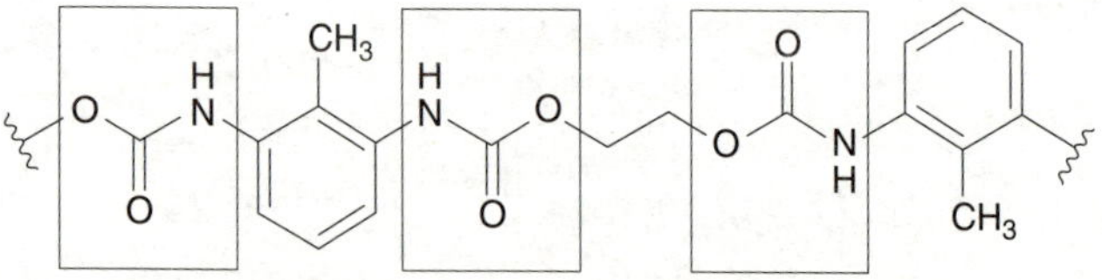

图7-15 聚氨酯的结构（方框区域是聚氨酯的连接基团）

环氧树脂黏合剂和强力胶

当使用环氧树脂黏合剂和强力胶将物品表面黏合在一起时，会发生化学反应，生成交联聚合物。在每个聚合物链的末端含有可应用于两个表面的环氧环。然后加入含有两个氨基单体的固化剂。氨基与环氧环反应产生交联，将表面粘在一起。类似于强力胶的聚合物在外科手术中被用于缝合伤口。与强力胶有关的交联反应如图7-16所示。

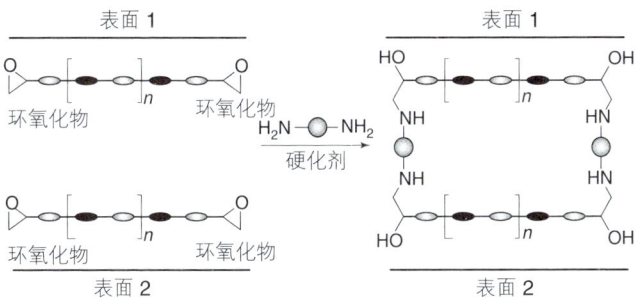

图7-16 与强力胶有关的交联反应

173

健康问题

近年来，人们对几种聚合物及其单体的安全性产生了担忧。例如，特氟龙等长链多氟聚合物受到了特别审查。这些聚合物非常稳定并排斥液体，因此它们可用于不粘锅、雨衣和食品包装中的表面活性剂。它们也应用于滑雪板以提高其滑动性。然而，人们认为某些聚合物的持久性和生物蓄积性会对健康和环境产生危害。聚合物行业认为，使用这些聚合物的短链产品可以解决许多问题，但不少人持反对意见。

聚碳酸酯和环氧树脂也引起了人们对健康问题的关注，因为它们的制备过程中使用了单体双酚A（BPA）。聚碳酸酯用于生产塑料瓶，而环氧树脂用于食品罐、饮料罐、瓶盖和水管的内部涂层。这种涂层可以保护金属免受番茄等腐蚀性食物的伤害，还可以防止食物或饮料产生金属味。然而，在这些塑料中检测到微量未反应的BPA单体，消费者担心它可能会渗透到食物中。到目前为止，还没有证据表明BPA对人体有毒，但在动物研究中，人们已经知道BPA能模拟雌激素的作用。

一些国家已经禁止在婴儿奶瓶中使用BPA衍生的聚合物，因为向奶瓶中加入沸水可能会促使BPA单体浸出。法国政府还决定禁止在食品包装和医疗器械中使用BPA。一些国家也禁止在玩具包装中使用BPA。然而，其他国家对BPA毒性测试的相关性提出了质疑。例如，在几项毒性实验中使用了不符合实际应用的高含量BPA。

聚酯和聚丙烯可以用来代替聚碳酸酯生产婴儿奶瓶，一种名为三苯甲烷的聚酯在这方面表现优异。为食品容器寻找环氧树脂涂层的替代品并非易事。一种可能的替代品是基于木质素的化合物。木质素是造纸工业的副产品，它的两种分解产物结合生成双愈创木酚-F（BGF，图7-17），它在结构上与BPA相关，但不易浸出。以BGF制备的聚合物与由BPA合成的聚合物具有相似的性能。

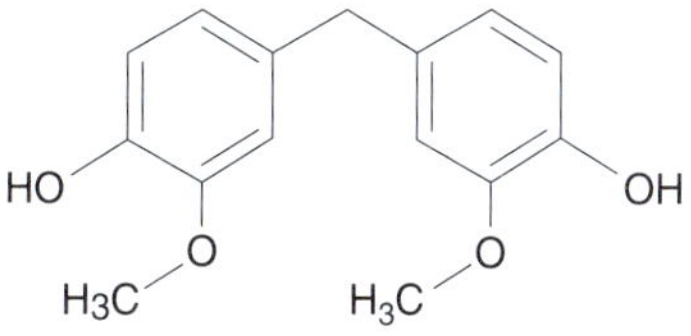

图7-17　双愈创木酚-F（BGF）

环境、生态和经济问题

通过减少天然材料在消费品中的使用，塑料对生态产生了有益的影响。在19世纪，赛璐珞取代了象牙，从而减少了对象群的屠杀。今天，合成纤维替代棉花被用来制作服装，因此曾经种植棉花的田地现在可以种植粮食作物。

聚合物的另一个优点是稳定性和耐久性，因此可以用来生产坚固、不易破损的产品。然而，当这些产品被随意丢弃时，会对环境产生有害影响，世界各地的海岸线见证了这一点。2015年发布的一份报告估计，每年约有800万吨塑料垃圾最终进入海洋。在陆地上，垃圾填埋场的巨大压力使得塑料回收成为必要。

回收 / 解聚

塑料的原料主要来自石油，而石油是一种有限资源。因此，重复利用或通过解聚塑料来回收这种资源是有一定意义的。几乎所有的塑料都可以回收，但这样做在经济上并不一定可行。聚酯、聚碳酸酯和聚苯乙烯经传统回收方法回收后，往往用于生产适合低质产品的劣质塑料。

可以使用钌、铑或铂催化剂进行解聚，得到的单体可以被纯化并重复使用。然而，解聚在经济上尚不可行。

可生物降解塑料

人们一直在努力开发能被微生物降解的可生物降解聚合物。例如，聚乳酸[图7-18（a）]由乳酸形成，可用于食品包装、织物和医疗设备。聚羟基烷酸酯[图7-18（b）]是一种可生物降解塑料，可代替聚丙烯。未来，植物淀粉可能被用来生产可生物降解的聚合物，以取代聚羧酸酯。

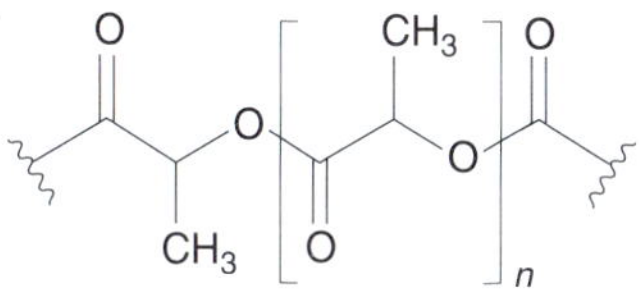

（a）聚乳酸

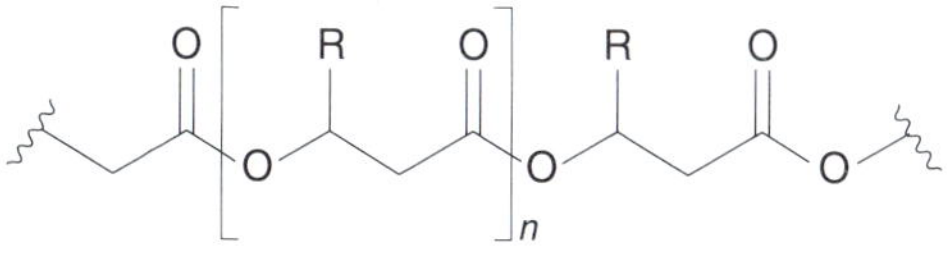

（b）聚羟基烷酸酯

图7-18　可生物降解聚合物

什么是有机化学?

生物降解塑料是一种含有少量金属盐的传统塑料。当塑料暴露在氧气中时，这些金属盐可以催化塑料的生物降解，并产生从1纳米到5毫米不等的微塑料。人们希望这些微塑料可被微生物完全降解，但这还没有得到证实。此外，微塑料对人类健康和环境的风险尚未得到充分评估。有人担心，如果微塑料被海洋动物群摄入，可能会影响食物链。

生物塑料

生物塑料是由从植物材料而不是石油中提取的单体生产的。2009年，可口可乐公司开发出了部分由植物材料制成的可回收PET塑料瓶。这需要使用从甘蔗中提取的单乙二醇，但也可使用果皮、树皮和秸秆作为这种化学物质的来源。百事可乐用柳枝稷、松树皮和玉米皮等材料制作PET瓶。使用通常会被丢弃或焚烧的植物材料比使用粮食作物更可取，因为后者会减少粮食产量并推高粮食价格。人们已从生物来源中获得了多种单体。呋喃-2,5-二羧酸就是这样一个例子，它被聚合成聚（呋喃-2,5-二羧酸PEF）——一种呋喃版的PET。

塑料和聚合物的新研究

科学家不断开发新型聚合物。例如，自修复聚合物正在开发中，可以修复含有它们的材料的任何物理损坏。一种方法是加入微型胶囊，其中一些含有单体，另一些含有聚合引发剂。当损坏发生时，损坏部位的胶囊破裂，释放其内容物。单体和聚合引发剂混合，聚合反应发生，修复损坏。另一种方法是设计在特定条件下解聚的聚合物。在这种情况下，可将损坏区域暴露在光或热下引发解聚。由此产生的单体比聚合物更具流动性，可填补任何存在的缝隙或缺口。当光或热被移除时，单体会重新聚合修复损伤。

科学家将聚合物用于智能服装设计。例如，聚合物被应用于薄膜热电装置的设计，这些装置可以整合到智能服装中。它们以人体热量为能源，可为手机等电子设备提供足够的电力。目前，科学家正在开发聚合物化学传感器，将它用于检测浓度为千万亿分之一（10^{15}分之一）的爆炸性蒸气。在空气中或水中有TNT存在时，这种聚合物会变成红色。该系统可以用于智能服装，提醒穿着者在受地雷或爆炸性武器污染的前战区存在爆炸物。

　　一家名为经济技术（Econic Technologies）的英国公司正在开发一种聚合工艺，通过二氧化碳与环氧化物反应捕获二氧化碳排放（图7-19）。因此，聚合物中的每个碳酸酯基团都将包含一个被捕获的二氧化碳分子。一种能够吸收甲烷（另一种温室气体）的聚氨酯也已被开发出来。海底蕴藏着大量甲烷，科学家担心全球变暖可能会导致部分甲烷被释放。另一个研究领域是研究能结合有毒化学物质的多孔有机聚合物。它们可以应用在防毒面具中。

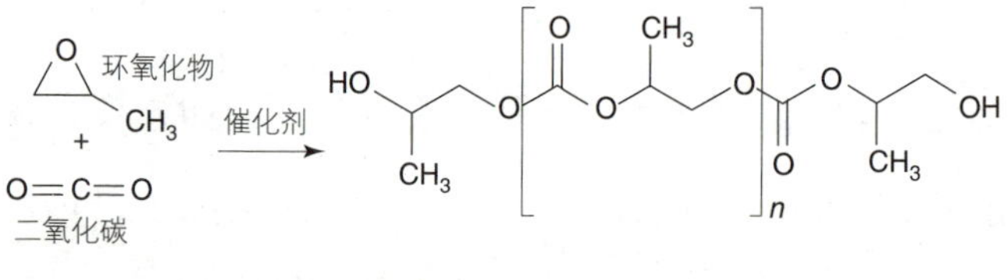

图7-19　通过聚合捕获二氧化碳排放

　　可生物降解聚合物以可溶解缝线、钢板、螺钉、针和网状物的形式应用于医疗领域。可取代修复承重骨骨折的钛基植入物的可生物降解聚合物也正在研发中。

　　科学家还在研发一种热敏水凝胶屋顶覆盖物，它可以吸收雨水，然后排出，帮助建筑物降温，从而减少空调的使用和二氧化碳排放。正在研究的聚合物是聚（n-异丙基丙烯酰胺，PNIPAM），它可以吸收等同于其质量90%的水。

　　最后，科学家还在开发另一种新的聚合物，它可以防止口香糖粘在衣服、人行道或地板上。这种聚合物吸收水分，促进降解，但也使口香糖的味道更持久。这种聚合物还可以用于唇膏和润唇膏，并可以缓解口腔异味。

第八章
纳米化学

08

纳米化学涉及合成1~100纳米的分子纳米结构。这些分子纳米结构可作为纳米机器人和其他分子器件的分子组件，可用于医学、分析、合成、电子、数据存储或材料科学等领域。现在的计算机使用硅集成电路，但这些元件的尺寸是有限制的。设计在分子水平上运行的电子器件和计算机将使元件尺寸大幅缩小，计算机性能相应提升。为了使这些梦想成为现实，人们有必要设计与电线、开关、数据存储系统和电机分子等量的纳米结构。

碳的同素异形体

同素异形体是由一种原子组成的有序结构。金刚石是一种碳的同素异形体，其中每个碳原子与其他四个碳原子共价连接，形成极强的晶格[图8-1（a）]。由于强度大，金刚石可以应用于工业，如用作采矿钻头。它是已知的最坚硬、化学惰性最强的材料之一，而且它还具有光学特性。

　　石墨是另一种碳的同素异形体，其中原子排列在平面芳香环层中[图8-1（b）]。每个平面芳香环层都包含强共价键，但层与层之间只存在弱的分子间相互作用。这使得石墨层可以"滑动"，于是石墨成为铅笔中的理想"铅"。出于同样的原因，石墨也被用作机械和发动机中的干润滑剂。令人惊讶的是，髋关节移植中也检测到了石墨，它似乎可以润滑髋关节的金属-金属接触点。目前还不清楚这种石墨是如何产生的，但有可能是髋关节置入物"研磨"蛋白质而形成碳，然后碳转化为石墨。

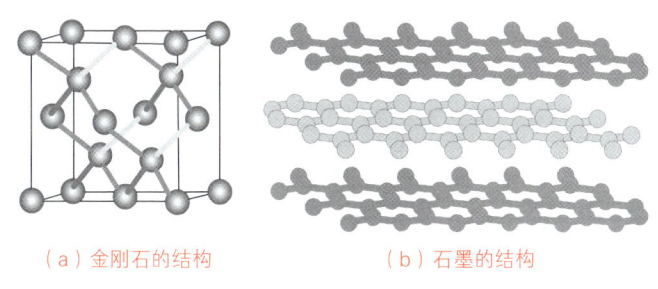

（a）金刚石的结构　　　　　　（b）石墨的结构

图8-1　金刚石和石墨的结构

　　因为芳香环中存在可相对移动的 π 电子，所以石墨还可导电。一项利用石墨导电性的创新发现是将三种不同的酶附着在石墨珠上。其中一种酶催化氢气分裂，形成两个质子和两个电子。由于石墨的导电性，电子通过石墨珠到达催化底物还原第二种酶。该反应的产物进一步参与第三种酶的催化反应。该系统可以被视为一个微型化工厂，在2013年获得了英国皇家化学学会颁发的新兴技术奖。

单层石墨被称为石墨烯，于2004年在曼彻斯特大学首次被制备出来，为其发明者赢得了2010年诺贝尔物理学奖。除了导电性外，石墨烯还是科学界已知的最薄、最坚固的材料之一，其抗拉强度是钢的300倍。它对热也很稳定，对化学物质也相对惰性。

由于这些特性，石墨烯具有许多潜在的应用方法，它可作为化学传感器、医疗设备、太阳能电池、氢燃料电池、柔性显示器和电子设备的组件。石墨烯还可用作海水淡化过滤器。人们的想法是在石墨烯上穿孔，允许水通过，但不允许盐通过。石墨烯的另一个潜在应用是作为凯夫拉尔防弹衣的替代品。在传感器领域，人们认为使用石墨烯材料的设备能检测出细菌感染或污染。

目前，大部分关于石墨烯的研究工作都尚处于实验阶

186

段，下一阶段是将研究成果应用于工厂制造新材料，这一过程可能需要20～40年。人们面临的一个实际问题是要设计出一种大规模生产石墨烯的经济方法。这一点对石墨烯的商业应用至关重要。

富勒烯是第三种碳的同素异形体，分为球状或笼状结构。碳原子排列成六边形环和五边形环，后者具有形成球体所需的曲率。富勒烯最著名的例子是巴克敏斯特富勒烯C_{60}（或富勒烯-60），其图案和形状类似于足球（图8-2），数字60指的是结构中存在的碳原子数量。

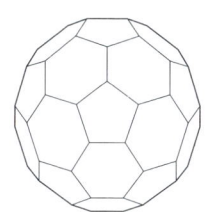

图8-2　碳原子在富勒烯C_{60}中的排列

富勒烯C_{60}是在模拟外太空可能发生的化学反应的实验中发现的。2010年，红外望远镜证实它确实存在于星际气体云中。然而，富勒烯C_{60}结构也出现在生活中，人们在靠近蜡烛的火焰中发现了它！人们认为这一过程始于小碳笼的形成，这些碳笼通过吞噬气化的碳原子而逐渐增大。然而，尚不清楚笼状结构富勒烯最初是如何形成的。不同的笼状富勒烯有C_{28}、C_{32}、C_{50}和C_{70}。与C_{60}不同，它们不是完美的球形。例如，富勒烯C_{70}的形状像香肠。巴克球的发现为哈里·克罗托（Henry Kroto）赢得了诺贝尔物理学奖。

迄今为止，富勒烯尚未用于商业用途。然而，对其未来应用，人们有很多建议。一种建议是将它用作药物输送载体，将药物或基因引入细胞。其他潜在的应用包括润滑剂、导电体、太阳能电池，甚至安全护目镜。一种改性富勒烯已被用于合成能对弱磁场做出反应的分子，富勒烯还被用作纳米汽车的车轮。

纳米管

碳纳米管是由碳原子组成的分子圆柱体。纳米管的管壁由六边形环组成（图8-3），本质上是一层卷起的石墨烯。纳米管的两端都含有具有曲率的五边形环，将管密封起来。它们的直径约为1纳米（与DNA链的直径相同），长度可达1.32×10^8纳米。

纳米管的性质取决于它们的尺寸和原子排列。不同长度和直径导致不同的电子性质，这使得纳米管在纳米电子电路中可用作绝缘体、半导体或导体。

构成纳米管壁的环的相对方向对其电学性质有深远的影响。因此，图8-3中的纳米管A是半导体，而纳米管B是全导体。纳米管的价格正在急剧下降，纳米电子学领域很可能催生未来的分子计算机。

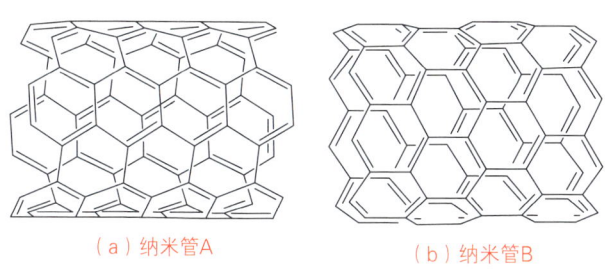

（a）纳米管A　　　　　（b）纳米管B

图8-3　纳米管的结构变化

纳米管已经被证实比钢更坚固，但质量只有钢的六分之一，这使得它们在材料科学中用途较大。纳米管的强度与质量比使它在飞机部件、汽车部件和运动设备上有潜在的应用可能，特别是将纳米管"捆绑"起来形成具有高拉伸强度的纤维。纳米管较大的表面积也很有用。它们可以与酶相连接，用于合成或用于氢燃料电池。

纳米管可以是单壁的也可以是多壁的。多壁纳米管由多层石墨烯轧制而成，具有更好的耐化学性。这在将分子连接到纳米管表面时很重要，因为连接时会在纳米管壁上打孔，影响其机械和电学性能。对于双层纳米管，只有外层会受到影响。纳米管经过修饰，可以结合能检测到其他分子的有机分子，使它们成为传感器或生物电子"鼻子"中的有用组件，用于监测食品质量或检测爆炸物和化学品泄漏。另外，与光敏分子相连的纳米管在太阳能电池和能量存储的设计中也很有用。

纳米管也可用作分子胶囊。大自然已经做到了这一点。烟草花叶病毒是由相同病毒蛋白质组成的纳米管构成的。蛋白质自组装形成纳米管并包裹病毒RNA。研究人员正在设计能够容纳巴克球的自组装纳米管，人们相信这些纳米管将具有良好的电学性能。

轮烷

轮烷是一种纳米结构，其中两个互锁分子形成等效于轴和轮子的结构（图8-4）。代表轮子的分子是一个大环结构，而作为轴的分子是哑铃状的。轴两端的两个庞大基团防止大环从轴上"滑落"。大环既可以绕轴旋转，也可以沿其长度方向从一端移动到另一端。然而，后者的运动不是一个顺利的过程，因为轴包含一个或多个"对接"的位点，暂时保持大环的位置。这就是人们常说的分子穿梭。这种相互作用的强度足以确保大环在大部分时间内与可用的对接位点相互作用，但这种强度又足以允许大环在可用位点之间穿梭。

图8-4 轮烷的一般结构

分子穿梭的例子如图8-5所示。一个轴上有两个包含芳香环的对接位点，以及两端防止"轮子"从轴上滑落的庞大的硅基团。每个对接位点上的芳香环都可以与大环的芳香环相互作用，这种相互作用被称为 $\pi-\pi$ 相互作用。这种相互作用相对较弱，因此"轮子"有可能在两个对接位点之间穿梭。

然而，在这个例子中，更倾向于将"轮子"限制在右侧的对接位点。这是因为两个对接位点不一样。其中一个对接位点是氧原子连接在芳香环上，而另一个是氮原子连接在芳香环上。后者与"轮子"的相互作用更强，因此"轮子"有84%的时间停留在该位点，剩下16%的时间停留在另一个对接位点。

可以改变这种偏好。在酸性条件下，连接在右侧对接位点的氮原子被质子化并获得正电荷。由于"轮子"包含了带正电的氮原子，它被右侧对接位点排斥，只能与左侧对接位点结合。因此，轮烷就像一个分子开关。但它并不是一个完美的开关，因为在不同条件下，不同对接位点应有排他性的对接。尽管如此，这个例子还是说明了轮烷作为分子开关的潜力。

分子开关有许多用途。例如，爱丁堡大学的一个研究小组设计了一种轮烷，作为有机合成的"可切换"催化剂（图8-6）。轴中心的氮原子负责催化活性。在碱性条件下，芳香环与两个对接位点中的任意一个结合，使氮原子自由发挥催化剂的作用。在酸性条件下，氮原子被质子化并获得正电荷，使其

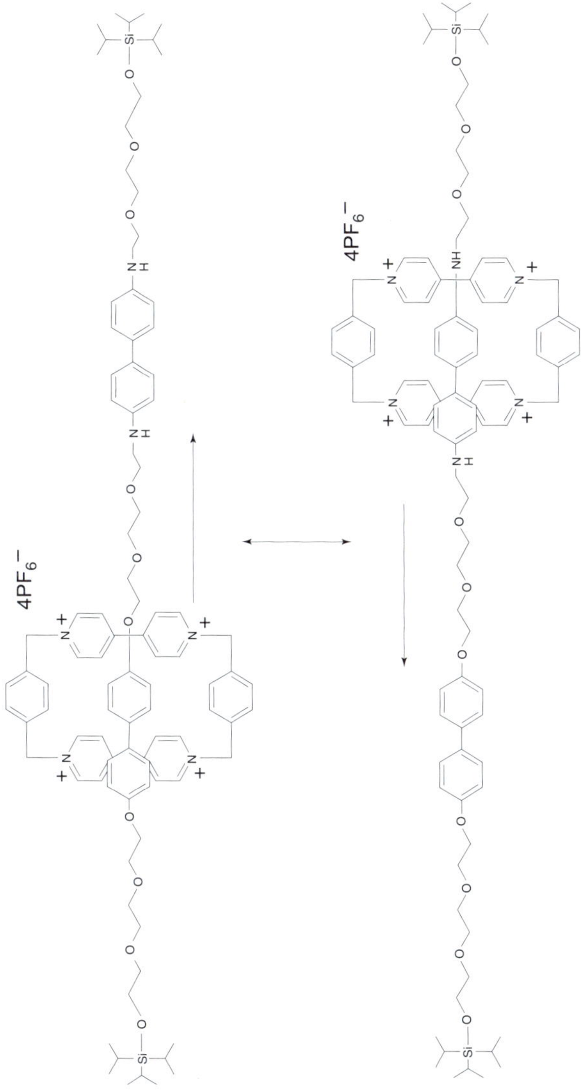

图8-5 轮烷的分子穿梭

成为"轮子"更强的对接位点。"轮子"立刻移动到轴的中心，并隐藏催化位点。在这个例子中，"轮子"包含氧原子，氧原子与质子化胺形成较强的氢键（图8-7）。

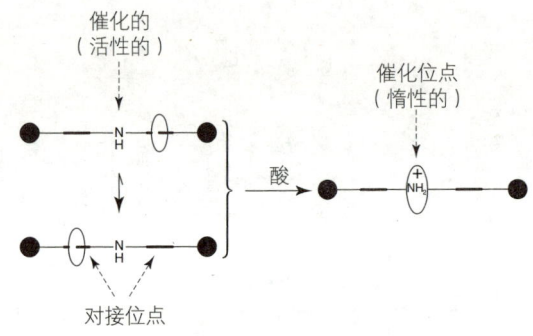

图8-6　作为"可切换"催化剂的轮烷

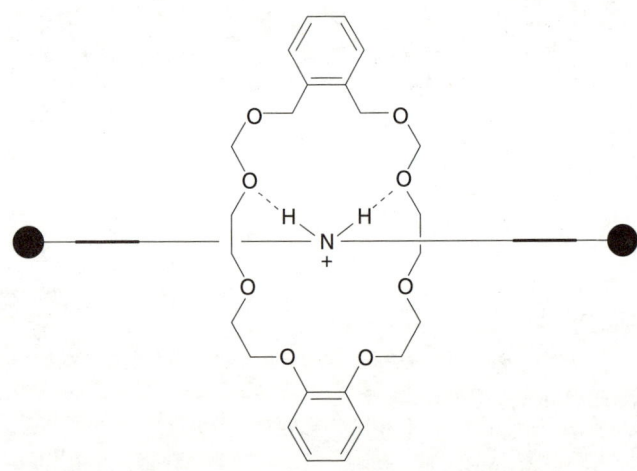

图8-7　"轮子"与轴上的质子化胺之间的氢键相互作用

最近，一种轮烷被设计成具有两个对接位点，能够催化两种不同的反应。该环在酸性条件下与其中一个催化对接位点结合，在碱性条件下与另一个催化对接位点结合。因此，根据不同的反应条件，同一轮烷可以用来催化两种不同的反应。

另一种轮烷被设计用于合成三肽（图8-8）。轴上连接着三种氨基酸，"轮子"从轴的一端穿过。当"轮子"沿着轴移动时，它会按照给定的顺序一个接一个地拾取氨基酸。轮烷的另一端没有阻断基团，因此带有附着三肽的轮烷到达末端时就脱落了。这样三肽就可以从"轮子"上分离出来。这项研究表明，设计自动生产新分子的分子合成机器是可能的，但这种方法要想与传统的合成方法竞争还有很长的路要走。由炔官能团组成轴的轮烷已在牛津大学合成（图8-9）。因为炔是线性的，所以轴是线性的，并且只包含碳原子。这种轮烷被认为是纳米电子学的潜在分子线。当"轮子"来回穿梭时，它将起到绝缘体的作用。

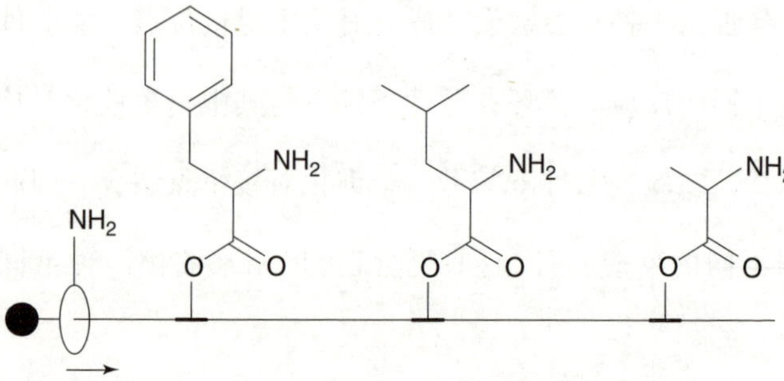

图8-8　用作分子合成机器的轮烷

图8-9　含有线性炔基的轮烷

　　另一种制备分子线的方法是制备在中心轴上包含几个"轮子"的聚轮烷（图8-10）。当一个轴上有几个"轮子"时，它们的相互作用有助于使轮烷加强和变直。在刚性轮烷中，电子沿分子线运动的效率更高。如果要证明轮烷可用作开关或电线，就必须将它们连接并整合到刚性结构中。一种方法是将轮烷纳入金属有机框架结构中，使得每个轮烷的运动部分都位于孔隙中。如果这被证明是成功的，那么它将开辟创造固态分子开关或机器的可能性。

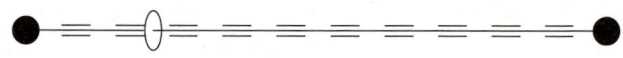

图8-10　设计具有"轮子"之间相互作用的聚轮烷

　　轮烷也被用来制造在不同刺激下收缩或扩张的分子"肌肉"。这关系到两个相互连接的轮烷,其中每个轴的末端共价连接到另一个轴的"轮子"上(图8-11)。这被称为菊花链轮烷。其拉伸和收缩形态的长度为3.6～4.8纳米。通过将这些菊链轮烷聚合成分子"纤维",其所产生的收缩和膨胀被放大(图8-12)。一个法国研究小组将3 000种直径为9.4～15.8微米的轮烷连接在一起。轮烷的聚合是通过使用与金属离子结合的阻断基团来实现的。金属离子就像分子"胶水"一样把菊链轮烷粘在一起。后续挑战是如何将这些纤维捆绑在一起。

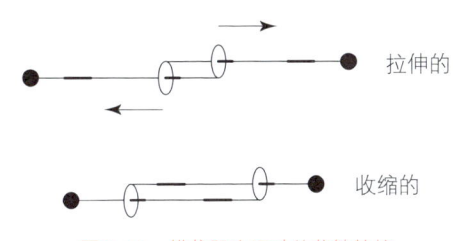

图8-11　模仿肌肉运动的菊链轮烷

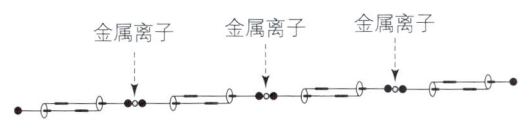

图8-12　将菊链轮烷聚合成分子"肌肉"纤维

纳米粒子

　　纳米粒子的大小约为1～100纳米。由于尺寸和相对较大的表面积，纳米粒子的性质不同于大型材料，因此它在医学、制造、材料、能源和电子领域具有广泛的实际价值和潜在应用可能。例如，可以合成包裹药物或DNA的球形纳米粒子，然后将它们输送到患者的细胞中。再例如，一种携带抗癌药物紫杉醇（Taxol）的脂质纳米粒子目前正在进行临床试验。科学家也在设计用于将诊断学和治疗学结合起来的纳米粒子。例如，科学家设计出一种用来识别肿瘤细胞的纳米粒子。纳米粒子在与肿瘤细胞结合后会破裂，释放出治疗癌症的抗癌药物以及可以显示肿瘤位置的染料。

　　纳米递送系统还可用于保护中性营养剂（如维生素）免受胃酸的破坏。纳米胶囊是由食物中天然存在的蛋白质和糖制成的。这种纳米胶囊对胃酸很稳定，但会被肠道中的酶分解，释放出中性营养剂。可以将含有维生素D的纳米胶囊添加到饮料中预防佝偻病。

　　纳米粒子在药物递送之外的医学领域也有应用。例如，科学家们开发出可能会阻止内出血的纳米粒子。这种纳米粒子可以黏附在活化的血小板上，加速凝块的形成，从而降低患者因出血死亡的概率。迄今，这项技术只在动物身上进行了测试。

科学家们还发现，碳纳米粒子可以阻止蚊子幼虫的发育，因此可将其用于控制疟疾。纳米粒子具有很长的使用寿命，这对杀虫活性而言是一个优势，但如果它们具有不可预见的环境或生态影响，则可能具有潜在的不足。

纳米技术和脱氧核糖核酸（DNA）

由DNA构建的纳米结构有许多潜在的应用。DNA是自然界的数据存储分子，携带有生物体蛋白质所需的密码。此外，它的结构允许信息从一代复制到另一代。核酸碱基（ATGC）是遗传字母表，分子识别过程中碱基对总是A-T或G-C。这对于DNA的双螺旋结构以及RNA分子的三维形状至关重要。

科学家们利用碱基配对合成了单链DNA分子，这些单链DNA分子可以根据现有碱基序列自行组装成可预测形状。例如，如果一条DNA链的不同部分包含互补的碱基序列，那么分子可以卷曲以允许碱基配对。利用这种方法，科学家们用DNA创建了二维图片以及三维形状。这个过程被称为DNA折纸（图8-13）。

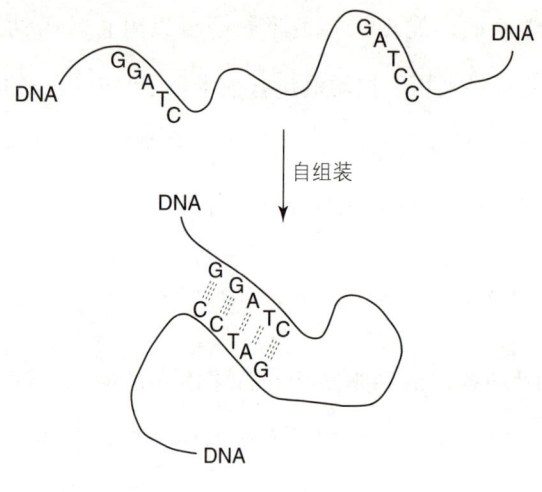

图8-13　DNA折纸

这种方法已被用于构建DNA纳米机器人，可以执行传感、计算和细胞靶向等机器人任务。一个研究小组发明了直径为35纳米、长度为45纳米的桶状DNA机器人。该结构包含一个可以让桶像蛤蜊一样打开的铰链。短DNA链会保持桶的闭合直到纳米机器人遇到与DNA链相互作用的抗原，抗原将桶解锁，然后桶打开释放其中的内容物。目前，这种纳米机器人只在细胞培养上进行了测试，但它有可能将药物或抗体运送到身体的特定部位。类似的药物递送思路还有DNA立方体，当它们与前列腺癌细胞特有的RNA分子相互作用时，DNA立方体被打开。

科学家们还设计了一种DNA"步行者"，它能对光做出反应，并使DNA沿着表面轨迹行走。这条轨迹由一系列DNA链代表的"杆"组成，每根"杆"都有一个长段和一个短段。"步行者"有两条DNA腿——一条短，一条长。"步行者"将其长腿结合到"杆"的长段上，短腿结合到"杆"的短段上，从而结合到第一根"杆"上。当光线照射在表面上时，"杆"的短段与长段分开。"步行者"的短腿立刻自由地寻找下一根"杆"的短段并与之结合。当它成功时，它会拉着长腿一起走。理论上来说，这个系统可以用来设计一个纳米实验室，在那里，"步行者"从不同的"杆"拾取分子合成砌块，并将它们组合成产品。

纳米器件和纳米机器

科学家们正在分子水平上设计模拟仪器或机器的纳米器

件。例如，科学家们设计出一种记忆棒大小的纳米设备，可以对DNA进行测序。该装置利用了两种蛋白质。其中一种蛋白质是被称为α-溶血素的天然蛋白质的基因修饰形式。这种蛋白质含有一个孔，嵌在膜表面，这样就可以在膜上形成纳米孔。第二种蛋白质可以结合DNA，并连接到孔蛋白的外表面。当它与DNA结合时，会通过纳米孔将DNA送入体内。当DNA穿过孔时，离子通过孔的流速取决于正在输送的碱基。离子流速的变化可以被测量，并允许对DNA进行测序。目前，该仪器可以对多达4.8万个碱基进行测序。使用类似的方法也可以对蛋白质进行测序。

由碳纳米管、富勒烯和石墨烯组成的全碳光伏电池已经问世。碳纳米管作为光吸收剂和电子供体，而富勒烯C_{60}巴克球作为电子受体。它们被夹在还原氧化石墨烯的阳极和更多碳纳米管的阴极之间。这种电池的效率太低，没有商业价值，但这项技术可以被整合到目前的太阳能电池中，使它们更经济、更高效。

许多研究团队参与了一些看似不寻常的项目，比如分子摩托艇、汽车和火车的设计。这些似乎只是出于好奇，但从这些项目中获得的知识最终会用于纳米机器的商业用途。例如，2005年纳米汽车的合成（图8-14）。车轮是富勒烯，直链芳香环和炔基组成的刚性分子作为底盘。事实上，这个精巧的装置更适合被描述为一辆纳米推车，因为没有分子马达来推动它。然而，研究团队正在致力于解决这个问题。这个奇妙的装置可以在表面上滚动，因为连接巴克球轮和底盘的键是可旋转的。

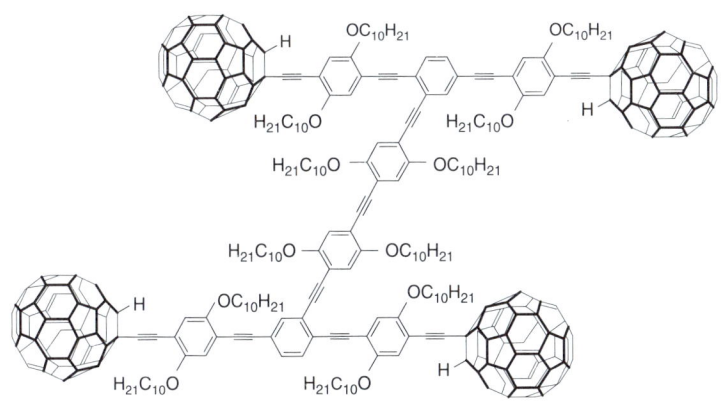

图8-14 纳米汽车

纳米技术：安全性和毒理学

纳米技术已应用于涂料、纺织品、食品、化妆品和医药领域，并且将对未来社会产生重大影响。纳米材料有许多潜在应用，但在大规模推广之前，必须对其进行严格的安全性和毒理学测试。例如，如果它们被吸入、吞咽或通过皮肤被吸收，会对人体健康产生什么影响？它们是否会刺激肺部，造成与吸入细微粉尘类似的损害？纳米粒子可能对人体免疫系统造成什么影响？如果大量的纳米粒子进入环境，会对昆虫、鸟类、鱼类和其他动物产生怎样的影响？最后，纳米技术是否会被犯罪分子、恐怖分子和不择手段的机构滥用？

上述问题已被提出，因此需要进行适当设计的测试，以评估是否存在任何风险。遗憾的是，迄今为止进行的许多毒理学研究都存在缺陷，因为测试的材料数量过多。适当的毒理学测试应确定材料在实际条件和浓度下是否安全。例如，有证据证明高剂量的食盐是有毒的，但没有人会认真考虑将其从超市货架上撤下。为此，曾经有一些关于引入监管纳米技术的监管系统的讨论。欧盟在2011年发布了关于如何对纳米粒子进行毒理学测试的指南。

名词表

吡虫啉	imidacloprid
俾斯麦棕 Y	Bismarck Brown Y
丙氨酸	alanine
丙苯磺隆	propoxycarbazonesodium
丙硫菌唑	prothioconazole
丙酮	acetone
丙烯腈－丁二烯－苯乙烯（ABS）	acrylonitrile butadiene styrene (ABS)
卟啉	porphyrin
捕获二氧化碳	carbon dioxide capture
不可逆抑制剂	irreversible inhibitors

C

草甘膦	glyphosate
茶碱	theophylline
查尔斯·达尔文	Charles Darwin
查尔斯·固特异	Charles Goodyear
橙剂	Agent Orange
赤藓醇	erythritol
虫酰肼	tebufenozide
臭树	stink tree
臭鼬	skunk
除草剂	herbicides
除虫菊	pyrethrum
除虫菊酯	pyrethrins
除虫脲	diflubenzuron

传感器	sensors
纯化	purification
醇	alcohol
醇和羧酸	alcohol and carboxylic acid
醇和酯	alcohol and ester
磁铁矿	magnetite
雌二醇	estradiol
雌激素	oestrogen
刺糖多胞菌	Saccharopolyspora spinosa
刺尾鱼毒素	maitotoxin

D

DNA 纳米机器人	nanosequencer of DNA
达草灭	norflurazon
大分子	macromolecule
大环	macrocycle
大麻素	cannabinoids
大马酮	damascenone
单体	monomers
单乙二醇	monoethylene glycol
胆碱	choline
胆碱能受体	cholinergic receptors
弹性蛋白	elastin
蛋白酶	proteases
蛋白质	proteins

地马唑	dimazole
地狱之树	tree from Hell
登革热	dengue viral fever
涤纶	Dacron
底物	substrate
碘	iodine
电池	batteries
电子鼻	electronic noses
淀粉	starch
淀粉酶	amylases
靛蓝	indigo
丁基橡胶	butyl rubber
丁烯除虫菊酯	cinerin
丁香酚	eugenol
毒扁豆	calabar bean
毒扁豆碱	physostigmine
毒死蜱	chlorpyrifos
毒载体	toxophore
对毒素的敏感性	susceptibility to insecticides
对接位点	docking sites
对硫磷	parathion
对青霉素的抗药性	resistance to penicillins
对映异构体	enantiomers
多巴胺	dopamine
多氟聚合物	polyfluorinated polymers
多孔有机聚合物	porous organic polymers

多杀菌素   spinosyns

多肽   polypeptide

E

E. J. 科里   E. J. Corey

二甲基甲酰胺   dimethylformamide

二甲基亚砜   dimethyl sulphoxide

二氯甲烷   dichloromethane

二烯烃   dienes

二氧化碳   carbon dioxide

F

发色团   chromophore

番茄   tomatoes

番茄红素   lycophene

反射素   reflectin

反应机理   reaction mechanisms

范德华相互作用   van der Waals interactions

芳香环   aromatic ring

防冻剂   antifreeze

放热反应   exothermic reaction

放射合成   radiosynthesis

菲莱   Philae

分布   distribution

分子"肌肉"   molecular muscles

分子穿梭	molecular shuttle
分子合成机	molecular synthetic machines
分子计算机	molecular computers
分子间和分子内的相互作用	intermolecular and intramolecular interactions
分子建模	molecular modelling
分子开关	molecular switch
分子线	molecular wires
酚	phenol
蜂王物质	queen bee substance
呋喃 -2，5- 二羧酸	furan-2,5-dicarboxylic acid
氟吡呋喃酮	flupyradifurone
氟虫酰胺	flubendiamide
氟嘧菌酯	fluoxastrobin
富勒烯	fullerenes

G

甘氨酸	glycine
刚性	rigidification
高通量筛选	high-throughput screening
工艺开发	process development
功能	function
共轭体系	conjugated systems
共聚物	copolymers
构象限制	conformational restriction

211

固态分子开关	solid-state molecular switches
寡核苷酸	oligonucleotides
官能团	functional groups
官能团转化	functional group transformations
光动力疗法	photodynamic therapy
光敏剂	photosensitizing agent
光视紫质	photorhodopsin
光受体	photoreceptors
国际纯粹与应用化学联合会	International Union of Pure and Applied Chemistry (IUPAC)
过滤	filtration

H

哈里·克罗托	Henry Kroto
哈罗德·C. 乌里	Harald C. Urey
"好奇号"探测器	Curiosity Rover
还原	reduction
还原为醇	reduction to alcohol
海螺	sea snails
海洛因	heroin
海水淡化过滤器	desalination filter
海王星	Neptune
海洋环节虫	marine annelid worm
合成子	synthon
核磁共振	NMR

名词表

核磁共振谱	NMR spectroscopy
核苷酸	nucleotides
核酶	ribozymes
核酸	nucleic acids
核糖	ribose
核糖核酸（RNA）	ribonucleic acid (RNA)
核糖体 RNA（rRNA）	ribosomal RNA (rRNA)
褐黑素	pheomelanin
黑斑病	Black Sigatoka
黑胡桃树	walnut tree
黑色素	melanin
黑色素体	melanosomes
红外光谱	infra-red spectroscopy
候选药物	drug candidates
胡桃酮	juglone
化感作用	allelopathy
化学进化	chemical evolution
化学开发	chemical development
化学空间	chemical space
化学恐惧症	chemophobia
化学检测	chemicals detection
化学选择性	chemoselectivity
化学战争	chemical warfare
环己烷	cyclohexane
环氧化物	epoxides
环氧树脂	epoxy resins

213

什么是有机化学?

环氧树脂黏合剂	epoxy cements
黄热病	yellow fever
磺胺类	sulphonamides
磺隆	sulfurons
磺酰胺	sulfoximines
回收	recycling
昏睡病	sleeping sickness
活性成分	active principle
活性构象	active conformation
火星	Mars
霍霍巴油	jojoba

J

JH 酸甲基转移酶	JH acid methyltransferase
基因工程	genetic engineering
基于结构的药物设计	structure-based drug design
激动剂	agonists
激酶	kinases
激酶抑制剂	kinase inhibitors
吉洛特希尔山国际研究中心	Jealott's Hill International Research Centre
己二酸	adipic acid
加成聚合	addition polymerization
加成聚合物	addition polymers
甲苯	toluene

甲基氨基甲酸酯	methylcarbamate insecticides
甲壳素	chitin
甲哌卡因	mepivacaine
甲醛	formaldehyde, methanal
甲霜灵	metalaxyl
甲烷	methane
甲酰胺	formamide
甲氧基丙烯酸酯	strobilurins
甲氧麻黄酮	mephedrone
甲氧西林	methicillin
价电子	valence electrons
检测磁场	magnetic field detection
碱基配对	base pairing
箭毒	arrow poison
箭毒碱	tubocurarine
降压药	antihypertensives
交叉抗性	crossresistance
交联聚合物	crosslinked polymer
胶原蛋白	collagen
角蛋白	keratin
拮抗剂	antagonists
结构分析	structural analysis
结构与活性关系	structure-activity relationships
结合区域	binding regions
结合位点	binding site
结核病	tuberculosis

什么是有机化学?

结晶	crystallization
解聚	depolymerization
金刚石	diamond
金黄色葡萄球菌	Staphylococcus aureus
金眶蜘蛛	golden orb spiders
金属有机框架	metal-organic frameworks
经济技术	Econic Technologies
腈	nitrile
精神活性药物	psychoactive drugs
局部麻醉剂	local anaesthetics
菊花	chrysanthemums
菊花链	daisy-chain
巨藻	kelp
聚（N-异丙基丙烯酰胺）	poly(N-isopropylacylamide)
聚（呋喃-2，5-二羧酸）PEF	poly(furan-2, 5-dicarboxylic acid) (PEF)
聚氨酯	polyurethanes
聚苯乙烯	polystyrene
聚丙烯	polypropene
聚丙烯腈	polyacrylonitriles
聚对苯二甲酸乙二醇酯（PET）	polyethylene terephthalate (PET)
聚合	polymerization
聚合物	polymers
聚轮烷	polyrotaxanes
聚氯乙烯	poly(vinyl) chloride
聚氯乙烯	polyvinyl chloride
聚醚	polyethers

聚羟基烷酸酯	polyhydroxyalkanoates
聚乳酸	polylactides
聚碳酸酯	polycarbonates
聚烯烃	poly(alkenes)
聚乙二醇	polyethylene glycol
聚乙烯	polyethylene
聚酯	polyesters

K

咖啡因	caffeine
卡托普利	captopril
凯夫拉尔	Kevlar
抗癌药物	anticancer agents
抗病毒药物	antiviral drugs
抗寄生虫药	antiparasitic drugs
抗菌剂	antibacterials
抗溃疡药	antiulcer drugs
抗疟药	antimalarials
抗生素	antibiotics
抗哮喘药	antiasthmatics
抗炎药	anti-inflammatory
抗阳痿药	anti-impotence drug
抗抑郁药	antidepressants
抗真菌药	antifungal agent
可卡因	cocaine

可可碱	theobromine
"可切换"催化剂	switchable catalyst
可口可乐	Coca Cola
可生物降解的	biodegradable
可生物降解塑料	oxo-biodegradable plastics
恐龙	dinosaurs
枯草芽孢杆菌	Bacillus subtilis
奎宁	quinine
昆虫生长调节剂	insect growth regulators
醌外抑制剂	quinone outside inhibitors

L

莱卡	Lycra
滥用药物	drugs of abuse
雷尼替丁	ranitidine
类固醇	steroids
类胡萝卜素	carotenoid
棱晶烷	prismane
离子通道	ion channels
离子相互作用	ionic interactions
理查德·阿塞尔	Richard Axel
立方烷	cubane
立体化学	stereochemistry
楝树	neem tree
临床前试验	preclinical trials

临床试验	clinical trials
琳达·巴克	Linda Buck
磷酸化	phosphorylation
留兰香油	spearmint oil
硫	sulphur
硫醇	thiols
硫化	vulcanization
硫酸镁	magnesium sulphate
柳树皮	willow bark
漏斗网蜘蛛	funnel web spider
卢卡·图林	Luca Turin
路易斯·夏多内	Louis Chardonnet
伦敦分散力	London dispersion forces
轮烷	rotaxanes
罗伯特·罗宾逊爵士	Sir Robert Robinson
罗伯特·伍德沃德	Robert Woodward
罗汉果	monk fruit
罗汉果甜苷	mogrosides
罗门哈斯公司	Rohm and Haas
罗塞塔号	Rosetta probe
绿色版可口可乐	Coca Cola Life
氯虫苯甲酰胺	chlorantraniliprole
氯丁橡胶	neoprene
氯磺隆	chlorsulfuron
氯氰菊酯	cypermethrin

M

马拉硫磷	malathion
马铃薯枯萎病	potato blight
吗啡	morphine
麦角苷	ergoside
梅毒	syphilis
酶	enzyme
酶抑制剂	enzyme inhibitors
美国食品药品监督管理局（FDA）	Food and Drug Administration (FDA)
美国总统绿色化学挑战奖	Presidential Green Chemistry Award
迷迭香	rosemary
嘧菌酯	azoxystrobin
敏化	sensitization
莫诺塞琳	monocerin
墨鱼	cuttlefish
木星	Jupiter
木质素	lignin

N

N—C 键偶合	N—C coupling
拿破仑战争	Napoleonic wars
纳米电子学	nanoelectronics
纳米管	nanotubes
纳米机器	nanomachines

纳米技术	nanotechnology
纳米胶囊	nanocapsules
纳米粒子	nanoparticles
纳米汽车	nanocar
纳米器件	nanodevices
纳米实验室	nanolaboratory
耐甲氧西林金黄色葡萄球菌	methicillin-resistant *S. aureus*
萘酚	1-naphthol
萘基吡咯戊酮	naphthylpyrovalerone
尼龙	nylons
拟除虫菊酯	pyrethoids
逆合成	retrosynthesis
鸟嘌呤	guanine
尿素	urea
柠檬黄	tartrazine
柠檬醛	citral
柠檬烯	limonene
牛至	oregano
纽甜	neotame
农药中毒的解毒剂	antidote to pesticide poisoning
疟疾	malaria
诺维信	Novozymes

O

欧洲食品安全局	European Food Safety Agency

欧洲药品管理局	European Agency for the Evaluation of Medicinal Products (EMEA)
偶氮磺胺	prontosil
偶联反应	coupling reactions

P

帕金森病	Parkinson's disease
排泄	excretion
配方	formulation
漂白型除草剂	bleaching herbicides
葡萄糖	glucose
普鲁卡因	procaine
普萘洛尔（萘心安）	propranolol

Q

奇异果甜蛋白	thaumatin
迁徙	migration
前药	prodrugs
强力胶	super glue
青光眼	glaucoma
青霉素	penicillins
氢键	hydrogen bonds
氢键供体	hydrogen bond donor
氢键受体	hydrogen bond acceptor
氰胺	cyanamide

氰虫酰胺	cyantraniliprole
氰化物	cyanide
氰酸铵	ammonium cyanate
球粒陨石	chondrites
区域选择性	regioselectivity
驱虫剂	insect repellants
驱蚁剂	ant repellant
全身麻醉	general anaesthetics
醛	aldehyde
炔	alkynes

R

染料	dyes
染料敏化太阳能电池	dye-sensitized solar cells
人类基因组	human genome
人造丝	rayon
日本甲虫	Japanese beetle
溶剂	solvents
肉桂皮	cinnamon
肉桂醛	cinnamaldehyde
乳酸	lactic acid
弱酸性红 GN	scarlet GN

S

赛璐珞	celluloid

什么是有机化学?

三苯甲烷	Tritan
三联体	triplet code
三氯蔗糖	sucralose
三嗪类除草剂	triazine herbicides
三唑类杀菌剂	triazole fungicides
扫描电子显微镜	scanning electron microscope
色谱法	chromatography
杀虫剂	insecticides
杀菌剂	fungicides
沙丁胺醇	salbutamol
沙奎那韦	saquinavir
沙林	sarin
莎纶	Saran
商业应用	commercial applications
麝香	muscone
神经递质	neurotransmitters
神经毒素	nereistoxin
神经肌肉阻滞剂	neuromuscular blocker
神秘果	miracle fruit
神秘果蛋白	miraculin
肾上腺素	adrenaline
生命起源前	prebiotic synthesis
生物测定	bioassays
生物降解塑料	biodegradable plastics
生物聚合物	biopolymers
生物燃料	biofuels

生物塑料	bioplastics
生物乙醇	bioethanol
生长素	auxins
十二面烷	dodecahedrane
石墨	graphite
石墨烯	graphene
世界卫生组织	World Health Organization
视蛋白	opsin
视觉	vision
视紫质	rhodopsin
手性	chirality
手性中心	chiral centres
首过效应	first-pass effect
受体	receptors
兽药	veterinary drugs
兽医实践	veterinary practice
叔丁基硫醇	tertiary-butyl thiol
数据存储	data storage
双酚 A	bisphenol A
双愈创木酚 –F	bisguaiacol-F
水杨酸	salicylic acid
顺式茉莉酮	*cis*-jasmone
丝氨酸	serricornin
斯德哥尔摩公约	Stockholm convention
斯坦利·L. 米勒	Stanley L. Miller
四氟乙烯	tetrafluoroethene

四氢呋喃	tetrahydrofuran
苏云金芽孢杆菌	Bacillus thuringiensis
塑料回收	plastic recycling
梭曼	soman
羧酸	carboxylic acid
羧酸根离子	carboxylate ion
缩合聚合物	condensation polymers
缩聚	condensation polymerization
索拉菲尼	sorafenib

T

塔崩	tabun
肽键	peptide bond
碳的同素异形体	carbon allotropes
碳光伏电池	carbon photovoltaic cell
碳酸二苯酯	diphenyl carbonate
糖精	saccharin
糖原	glycogen
特氟龙	Teflon
提利紫	Tyrian purple
提取	extraction
体内试验测试	in vivo testing
体外试验测试	in vitro testing
天然气	natural gas
天堂树	tree of heaven

天体化学	astrochemistry
天王星	Uranus
甜蛋白	brazzein
甜菊糖双甙	rebaudioside A
甜蜜素	cyclamate
甜三角	sweetness triangle
甜味剂	sweeteners
萜烯	terpenes
同素异形体	allotropes
酮	ketone
头孢菌素	cephalosporins
土霉素	oxytetracycline
土卫六	Titan
土星	Saturn
蜕皮过程	molting process
蜕皮激素受体	ecdysone receptor
托尔伯恩·伯格曼	Torbern Bergman
脱氧核糖	deoxyribose
脱氧核糖核酸（DNA）	deoxyribonucleic acid (DNA)
脱氧哌拉酮	desoxypipradol

W

瓦螨	varroa mite
外消旋	racemate
烷基卤化物	alkyl halide

X

纤维素酶	cellulases
酰胺	amide
酰卤	acid halide
酰氯	acid chloride
腺嘌呤	adenine
香草	vanilla
香兰素	vanillin
香茅	citronella
香茅醇	citronellol
香芹酮	carvone
香味	scents
香烟甲虫	cigarette beetles
香叶醇	geraniol
象牙	ivory
象牙波	ivory wave
橡胶	rubbers
橡木苔	oak moss
硝化纤维	nitrocellulose
硝基	from nitro
硝基化合物转化为胺	nitro conversion to amine
缬氨酸	valine
新陈代谢	metabolism
新烟碱类杀虫剂	neonicotinoid insecticides
信使 RNA（mRNA）	messenger RNA (mRNA)
信息素	pheromones
兴奋剂	stimulants

Y

药物优化	drug optimization
药效团	pharmacophore
药效学	pharmacodynamics
叶绿素	chlorophyll
伊维菌素	ivermectin
乙醇	ethanol
乙醚	diethyl ether
乙炔	acetylene
乙酸	ethanoic acid
乙酸乙酯	ethyl acetate
乙烷	ethane
乙烯	ethene
乙烯菌核利	vinclozolin
乙酰胆碱	acetylcholine
乙酰胆碱酯酶	acetylcholinesterase
乙酰乳酸合成酶抑制剂	acetolactate synthase inhibitors
隐花色素	cryptochromes
印楝素	azadirachtin
英国皇家化学学会	Royal Society of Chemistry
游隼	peregrine falcon
有机磷酸酯类杀虫剂	organophosphate insecticides
有机氯类杀虫剂	organochlorine insecticides
诱导契合	induced fit
鱼藤根	derris roots
鱼藤酮	rotenone
与环氧化物反应	reaction with epoxide

与羧酸反应	reaction with carboxylic acid
与酯反应	reaction with ester
玉米黄质	zeaxanthin
元素分析	elemental analysis
元素周期表	periodic table
原黄素	proflavin
陨石	meterorites

Z

增效剂	synergist
增效菌	sesamex
增效醚	piperonyl butoxide
蔗糖	sucrose
真黑素	eumelanin
诊断设备	diagnostic devices
镇痛药	analgesics
蒸馏	distillation
脂肪酶	lipases
脂肪酸	fatty acids
植物激素	plant hormones
酯	ester
质谱	mass spectrometry
智能服装	smart clothing
中性营养剂	neutraceuticals delivery of
专利	patenting

转录	transcription
转移 RNA（tRNA）	transfer RNA (tRNA)
转运蛋白	transport proteins
追踪信息素	trail pheromones
紫杉醇	Taxol
自修复	self healing
阻燃剂	fire retardant

其他

11-顺式视黄醛	11-cis-retinal
1-丙醇	1-propanol
1-溴丙烷	1-bromopropane
2,4-D	2 4-D
2-苯乙醇	2-phenylethanol
2-丁醇	2-butanol
2-丁酮	2-butanone
2-丁烯	2-butene
4-氯吲哚-3-乙酸	4-chloroindole-3-acetic acid

"走进大学"丛书书目

什么是地质?　殷长春　吉林大学地球探测科学与技术学院教授(作序)

　　　　　　　曾　勇　中国矿业大学资源与地球科学学院教授

　　　　　　　　　　　首届国家级普通高校教学名师

　　　　　　　刘志新　中国矿业大学资源与地球科学学院副院长、教授

什么是物理学?　孙　平　山东师范大学物理与电子科学学院教授

　　　　　　　李　健　山东师范大学物理与电子科学学院教授

什么是化学?　陶胜洋　大连理工大学化工学院副院长、教授

　　　　　　　王玉超　大连理工大学化工学院副教授

　　　　　　　张利静　大连理工大学化工学院副教授

什么是数学?　梁　进　同济大学数学科学学院教授

什么是统计学?　王兆军　南开大学统计与数据科学学院执行院长、教授

什么是大气科学?　黄建平　中国科学院院士

　　　　　　　　　　　国家杰出青年科学基金获得者

　　　　　　　刘玉芝　兰州大学大气科学学院教授

　　　　　　　张国龙　兰州大学西部生态安全协同创新中心工程师

什么是生物科学?　赵　帅　广西大学亚热带农业生物资源保护与利用国家

　　　　　　　　　　　重点实验室副研究员

　　　　　　　赵心清　上海交通大学微生物代谢国家重点实验室教授

　　　　　　　冯家勋　广西大学亚热带农业生物资源保护与利用国家

　　　　　　　　　　　重点实验室二级教授

什么是地理学?　段玉山　华东师范大学地理科学学院教授

　　　　　　　张佳琦　华东师范大学地理科学学院讲师

什么是机械?　邓宗全　中国工程院院士

　　　　　　　　　　　哈尔滨工业大学机电工程学院教授(作序)

　　　　　　　王德伦　大连理工大学机械工程学院教授

　　　　　　　　　　　全国机械原理教学研究会理事长

什么是材料?　赵　杰　大连理工大学材料科学与工程学院教授

什么是金属材料工程?

	王　清	大连理工大学材料科学与工程学院教授
	李佳艳	大连理工大学材料科学与工程学院副教授
	董红刚	大连理工大学材料科学与工程学院党委书记、教授(主审)
	陈国清	大连理工大学材料科学与工程学院副院长、教授(主审)
什么是功能材料?	李晓娜	大连理工大学材料科学与工程学院教授
	董红刚	大连理工大学材料科学与工程学院党委书记、教授(主审)
	陈国清	大连理工大学材料科学与工程学院副院长、教授(主审)
什么是自动化?	王　伟	大连理工大学控制科学与工程学院教授 国家杰出青年科学基金获得者(主审)
	王宏伟	大连理工大学控制科学与工程学院教授
	王　东	大连理工大学控制科学与工程学院教授
	夏　浩	大连理工大学控制科学与工程学院院长、教授
什么是计算机?	嵩　天	北京理工大学网络空间安全学院副院长、教授
什么是人工智能?	江　贺	大连理工大学人工智能大连研究院院长、教授 国家优秀青年科学基金获得者
	任志磊	大连理工大学软件学院教授
什么是土木工程?	李宏男	大连理工大学土木工程学院教授 国家杰出青年科学基金获得者
什么是水利?	张　弛	大连理工大学建设工程学部部长、教授 国家杰出青年科学基金获得者
什么是化学工程?	贺高红	大连理工大学化工学院教授 国家杰出青年科学基金获得者
	李祥村	大连理工大学化工学院副教授
什么是矿业?	万志军	中国矿业大学矿业工程学院副院长、教授 入选教育部"新世纪优秀人才支持计划"
什么是纺织?	伏广伟	中国纺织工程学会理事长(作序)
	郑来久	大连工业大学纺织与材料工程学院二级教授
什么是轻工?	石　碧	中国工程院院士 四川大学轻纺与食品学院教授(作序)
	平清伟	大连工业大学轻工与化学工程学院教授

什么是海洋工程？柳淑学　大连理工大学水利工程学院研究员
入选教育部"新世纪优秀人才支持计划"

李金宣　大连理工大学水利工程学院副教授

什么是船舶与海洋工程？

张桂勇　大连理工大学船舶工程学院院长、教授
国家杰出青年科学基金获得者

汪　骥　大连理工大学船舶工程学院副院长、教授

什么是海洋科学？管长龙　中国海洋大学海洋与大气学院名誉院长、教授

什么是航空航天？万志强　北京航空航天大学航空科学与工程学院副院长、教授

杨　超　北京航空航天大学航空科学与工程学院教授
入选教育部"新世纪优秀人才支持计划"

什么是生物医学工程？

万遂人　东南大学生物科学与医学工程学院教授
中国生物医学工程学会副理事长(作序)

邱天爽　大连理工大学生物医学工程学院教授

刘　蓉　大连理工大学生物医学工程学院副教授

齐莉萍　大连理工大学生物医学工程学院副教授

什么是食品科学与工程？

朱蓓薇　中国工程院院士
大连工业大学食品学院教授

什么是建筑？　齐　康　中国科学院院士
东南大学建筑研究所所长、教授(作序)

唐　建　大连理工大学建筑与艺术学院院长、教授

什么是生物工程？贾凌云　大连理工大学生物工程学院院长、教授
入选教育部"新世纪优秀人才支持计划"

袁文杰　大连理工大学生物工程学院副院长、副教授

什么是物流管理与工程？

刘志学　华中科技大学管理学院二级教授、博士生导师

刘伟华　天津大学运营与供应链管理系主任、讲席教授、博士生导师
国家级青年人才计划入选者

什么是哲学？　林德宏　南京大学哲学系教授
南京大学人文社会科学荣誉资深教授

刘　鹏　南京大学哲学系副主任、副教授

什么是经济学？　原毅军　大连理工大学经济管理学院教授
什么是经济与贸易？

　　　　　　　　黄卫平　中国人民大学经济学院原院长

　　　　　　　　　　　　中国人民大学教授(主审)

　　　　　　　　黄　剑　中国人民大学经济学博士暨世界经济研究中心研究员
什么是社会学？　张建明　中国人民大学党委原常务副书记、教授(作序)

　　　　　　　　陈劲松　中国人民大学社会与人口学院教授

　　　　　　　　仲婧然　中国人民大学社会与人口学院博士研究生

　　　　　　　　陈含章　中国人民大学社会与人口学院硕士研究生
什么是民族学？　南文渊　大连民族大学东北少数民族研究院教授
什么是公安学？　靳高风　中国人民公安大学犯罪学学院院长、教授

　　　　　　　　李姝音　中国人民公安大学犯罪学学院副教授
什么是法学？　　陈柏峰　中南财经政法大学法学院院长、教授

　　　　　　　　　　　　第九届"全国杰出青年法学家"
什么是教育学？　孙阳春　大连理工大学高等教育研究院教授

　　　　　　　　林　杰　大连理工大学高等教育研究院副教授
什么是小学教育？　刘　慧　首都师范大学初等教育学院教授
什么是体育学？　于素梅　中国教育科学研究院体育美育教育研究所副所长、

　　　　　　　　　　　　研究员

　　　　　　　　王昌友　怀化学院体育与健康学院副教授
什么是心理学？　李　焰　清华大学学生心理发展指导中心主任、教授(主审)

　　　　　　　　于　晶　辽宁师范大学教育学院教授
什么是中国语言文学？

　　　　　　　　赵小琪　广东培正学院人文学院特聘教授

　　　　　　　　　　　　武汉大学文学院教授

　　　　　　　　谭元亨　华南理工大学新闻与传播学院二级教授
什么是新闻传播学？

　　　　　　　　陈力丹　四川大学讲席教授

　　　　　　　　　　　　中国人民大学荣誉一级教授

　　　　　　　　陈俊妮　中央民族大学新闻与传播学院副教授
什么是历史学？　张耕华　华东师范大学历史学系教授
什么是林学？　　张凌云　北京林业大学林学院教授

　　　　　　　　张新娜　北京林业大学林学院副教授

什么是动物医学?	陈启军	沈阳农业大学校长、教授
		国家杰出青年科学基金获得者
		"新世纪百千万人才工程"国家级人选
	高维凡	曾任沈阳农业大学动物科学与医学学院副教授
	吴长德	沈阳农业大学动物科学与医学学院教授
	姜　宁	沈阳农业大学动物科学与医学学院教授
什么是农学?	陈温福	中国工程院院士
		沈阳农业大学农学院教授(主审)
	于海秋	沈阳农业大学农学院院长、教授
	周宇飞	沈阳农业大学农学院副教授
	徐正进	沈阳农业大学农学院教授
什么是植物生产?	李天来	中国工程院院士
		沈阳农业大学园艺学院教授
什么是医学?	任守双	哈尔滨医科大学马克思主义学院教授
什么是中医学?	贾春华	北京中医药大学中医学院教授
	李　湛	北京中医药大学岐黄国医班(九年制)博士研究生

什么是公共卫生与预防医学?

	刘剑君	中国疾病预防控制中心副主任、研究生院执行院长
	刘　珏	北京大学公共卫生学院研究员
	么鸿雁	中国疾病预防控制中心研究员
	张　晖	全国科学技术名词审定委员会事务中心副主任
什么是药学?	尤启冬	中国药科大学药学院教授
	郭小可	中国药科大学药学院副教授
什么是护理学?	姜安丽	海军军医大学护理学院教授
	周兰姝	海军军医大学护理学院教授
	刘　霖	海军军医大学护理学院副教授
什么是管理学?	齐丽云	大连理工大学经济管理学院副教授
	汪克夷	大连理工大学经济管理学院教授

什么是图书情报与档案管理?

	李　刚	南京大学信息管理学院教授
什么是电子商务?	李　琪	西安交通大学经济与金融学院二级教授
	彭丽芳	厦门大学管理学院教授

刘西民（译者）

    大连理工大学数学科学学院教授

李风玲（译者）

    大连理工大学数学科学学院教授

什么是麻醉学？ ［英］艾登·奥唐纳（作者）

    英国皇家麻醉师学院研究员

    澳大利亚和新西兰麻醉师学院研究员

毕聪杰（译者）

    大连理工大学附属中心医院麻醉科副主任、主任医师

    大连市青年才俊

什么是药品？ ［英］莱斯·艾弗森（作者）

    牛津大学药理学系客座教授

    剑桥大学 MRC 神经化学药理学组前主任

程　昉（译者）

    大连理工大学化工学院药学系教授

张立军（译者）

    大连市第三人民医院主任医师、专业技术二级教授

    "兴辽英才计划"领军医学名家

什么是哺乳动物？ ［英］T. S. 肯普（作者）

    牛津大学圣约翰学院荣誉研究员

    曾任牛津大学自然历史博物馆动物学系讲师

    牛津大学动物学藏品馆长

田　天（译者）

    大连理工大学环境学院副教授

王鹤霏（译者）

    国家海洋环境监测中心工程师

什么是兽医学？ ［英］詹姆斯·耶茨（作者）

    英国皇家动物保护协会首席兽医官

    英国皇家兽医学院执业成员、官方兽医

马　莉（译者）

    大连理工大学外国语学院副教授

什么是生物多样性保护?

[英]大卫·W.麦克唐纳(作者)

　　　　牛津大学野生动物保护研究室主任

　　　　达尔文咨询委员会主席

杨　君(译者)

　　　　大连理工大学生物工程学院党委书记、教授

　　　　辽宁省生物实验教学示范中心主任

张　正(译者)

　　　　大连理工大学生物工程学院博士研究生

王梓丞(译者)

　　　　美国俄勒冈州立大学理学院微生物学系学生